沙漠无灌溉造林技术

张　恒　宋春武　主　编
范敬龙　姜有为　副主编

北方联合出版传媒（集团）股份有限公司
辽宁科学技术出版社
沈　阳

图书在版编目（CIP）数据

沙漠无灌溉造林技术 / 张恒，宋春武主编；范敬龙，姜有为副主编 . -- 沈阳：辽宁科学技术出版社，2025.8. -- ISBN 978-7-5591-4224-5

Ⅰ . S728.2

中国国家版本馆 CIP 数据核字第 2025KR7988 号

出版发行：辽宁科学技术出版社
　　　　　（地址：沈阳市和平区十一纬路 25 号　邮编：110003）
印　刷　者：华雅逸彩（北京）文化有限公司
经　销　者：各地新华书店
幅面尺寸：165mm×235mm
印　　张：11.75
字　　数：250 千字
出版时间：2025年8月第1版
印刷时间：2025年8月第1次印刷
责任编辑：吕焕亮　艾　丽　张　永　高　鹏
封面设计：刘　慧
责任校对：栗　勇

书　　号：ISBN 978-7-5591-4224-5
定　　价：88.00元

编辑电话：024-23284373
E-mail:atauto@vip.sina.com
邮购热线：024-23284626

序

在地球广袤的大地上，沙漠有着独特的地貌，环境也很严酷，是人类探索自然奥秘和挑战生存极限的重要领域。古尔班通古特沙漠，作为我国第二大沙漠，其独特的地理特征和生态环境，吸引着众多科研人员和生态工作者的目光。这片无垠的沙漠是自然演变的见证者，也是人类与自然和谐共生的重要舞台。在这样的背景下，《沙漠无灌溉造林技术》这本书应运而生，它凝聚了众多科研人员和实践者的智慧与心血，为我国乃至全球的荒漠化治理提供了宝贵的经验和技术支持。

古尔班通古特沙漠处在准噶尔盆地中部，其总面积达 4.88 万 km²。这里海拔 300~600m，年降水量 70~150mm，冬季有稳定积雪，春季积雪融化会形成悬湿沙层，这为植被生长提供了独特的条件。在沙漠内部，绝大部分是固定和半固定沙丘，植被覆盖度较高，分布着梭梭、白梭梭、红柳等多种耐旱植物，生物多样性丰富。随着人类活动的加剧和自然环境的变化，沙漠化问题愈发严重，这给周边地区的生态环境和经济发展带来了巨大挑战。在这一严峻形势下，如何在干旱缺水的沙漠环境里实现有效造林，成了亟待解决的难题。而无灌溉造林技术的出现，为解决这一难题带来了希望。

这部专著系统地总结了无灌溉造林技术在古尔班通古特沙漠从理论研究到实际操作的全过程及应用实践。不仅详细阐述了无灌溉造林技术的原理和方法，还通过大量实验数据和案例分析，展示了该技术在提高造林成活率、改善沙漠生态环境方面的显著成效。其中提到，无灌溉造林技术充分利用古尔班通古特沙漠春季积雪融化形成的悬湿沙层，选取梭梭、沙拐枣等适宜的植物种类，运用植苗和直播两种造林方法，并结合保水剂蘸根处理、客沙造林等技术手段，有效提升了造林成活率。此外，通过科学的结构布局与立地条件选择，进一步优化了造林效果。这一技术的成功应用，既为古尔班通古特沙漠的生态修复提供了有力支撑，也为我国其他沙漠地区的生态治理提供了可借鉴的范例。

在当今全球生态环境面临诸多挑战的形势下，这部专著的出版具有重要的现实意义。不仅体现了我国在荒漠化治理领域的创新精神和实践能力，也彰显了我国在生态文明建设中的坚定决心和不懈努力。透过这部专著，我们看到科技与自然的完美结合，看到人类面对自然挑战时的智慧与勇气，更看到一个绿色、可持续发展的未来。

希望这部专著能够激发更多人关注与参与荒漠化治理，推动我国生态建设事业不断发展。让我们携手，凭借科技的力量守护这片土地，为子孙后代留下更加美好的家园。

徐新文研究员

国家荒漠绿洲生态建设

工程技术研究中心主任

2025 年 1 月 1 日

前　言

　　古尔班通古特沙漠位于中国新疆北部，为中国第二大沙漠，也是世界最大的固定和半固定沙漠。这片广阔的沙漠地处干旱与半干旱气候过渡带，年均降水量不足 150mm，蒸发量却高达 2000mm 以上，水资源极度匮乏，生态环境极为脆弱。长期以来，由于气候变化和人类活动的影响，古尔班通古特沙漠的荒漠化问题不断加剧，土地退化、植被减少、生物多样性降低等问题，给区域生态安全和可持续发展带来了严峻挑战。

　　在荒漠化防治和生态恢复的实践中，生物防沙措施是一项重要举措。然而，传统的灌溉造林技术依赖大量水资源，在古尔班通古特沙漠这种水资源极度稀缺的地区难以大规模推广。所以，探索无灌溉造林技术，即在自然降水条件下实现植被恢复和生态重建，就成为解决该地区生态问题的关键。无灌溉造林技术不但能有效节约水资源，降低造林成本，还能提高植被的适应性和稳定性，为干旱区生态恢复提供可持续的解决方案。

　　新疆古尔班通古特沙漠输水明渠为国内重大型调水输水工程之一，该工程全长 510 多千米，渠道穿越古尔班通古特沙漠腹地，沿途经过荒漠、半荒漠地区，其建设有效缓解了乌鲁木齐以及调水工程沿线其他城市的建设发展和生态环境建设水资源紧缺难题。该工程建设严重破坏了原始生境，导致渠道两侧沙丘活化，对渠道的正常运行产生严重影响。

在沙漠明渠工程建设期间为确保渠道免受风沙危害，于渠道沿渠线两侧各 100m 范围内人工植护草方格 4000 余万平方米，流动沙丘由此得到暂时稳固。然而，草方格有效固沙年限仅在 5~8 年。为使防风固沙体系持续有效发挥作用，国家和新疆维吾尔自治区先后投入了"新疆北水南调工程沙害防治与生态产业建设关键技术开发与示范"（项目编号：2002BA901A35）、"北疆引水工程沙漠段无灌溉人工林可持续维护技术开发与示范"等多项研究项目。这些项目分别围绕风沙环境特征与风沙危害规律、悬湿沙层土壤水分动态分布规律、机械防沙体系优化、固沙新材料、无灌溉植被恢复等方面开展了系统的试验示范研究。通过这些研究，构建了利用悬湿沙层土壤水分的无灌溉植被恢复技术，优化配置风沙危害综合防治技术体系，取得了一系列技术成果，其中无灌溉造林技术在准噶尔荒漠的生态工程建设、工程风沙灾害防治、生态恢复中得到广泛应用，并在古尔班通古特沙漠输水明渠区成功建植了无灌溉人工林。渠道无灌溉人工林建成后，有效减少和防治渠道淤沙，美化了渠道两侧的景观格局，改善了工程区的生态环境，对调水工程的安全运行起到了巨大作用。

《沙漠无灌溉造林技术》一书汇集了近 20 年来在古尔班通古特沙漠无灌溉造林技术研究方面的理论探索和实践经验，其内容涉及立地条件、种植技术、抚育措施、效益评价等诸多方面的研究成果。我们期望通过本书的出版能够为从事干旱区生态恢复研究和实践的专业人员提供参考，也能为全球其他干旱、半干旱地区的生态治理提供借鉴。

本书共分为 7 章，第 1 章由张恒、范敬龙、李郭、姜有为撰写，第 2 章由李郭、张萍、张恒、王世杰、冯郑婕撰写，第 3 章由宋春武、姜有为、张恒、张萍、靳正忠撰写，第 4 章由姜有为、宋春武、范敬龙、王海峰、李从娟撰写，第 5 章由张恒、李郭、范敬龙、王世杰、卢婷婷撰写，第 6 章由宋春武、张恒、张萍、李郭、卢婷婷撰写，第 7 章由宋春武、姜有为、王世杰、冯郑婕撰写。

本书的出版得到了新疆维吾尔自治区重点研发专项"新疆荒漠化地区自然恢复潜力利用技术集成示范与应用推广"（2022B03030）、华电集团科研项目"沙戈荒新能源大基地防沙治沙与生态修复关键技术研究"（CHDKJ23–04–01–61）的资助，在此我们由衷地表示感谢。此外，在本书编写过程中引用了参考文献，对于这些参考文献的作者及不慎遗漏引文的作者，我们也一并致谢。

本书中存在的不足之处，敬请读者批评指正！

编者

2024 年 10 月

目 录

1 绪论

1.1　无灌溉造林基本概念

无灌溉造林是指在没有人工灌溉的条件下，仅依靠天然降水和土壤水分，通过科学的造林技术和管理措施，实现林木生长和生态修复的一种造林方式。无灌溉造林主要适用于干旱和半干旱地区，这些地区降水稀少、蒸发强烈，水资源短缺，传统灌溉造林成本高且难以持续。无灌溉造林通过优化水分利用效率，能够在这些极端环境下实现植被恢复。其核心原理包括两方面：一是水分利用，通过收集、储存天然降水，利用土壤的保水能力，为林木提供生长所需水分；二是微环境改善，采用技术手段（如集水装置、保水剂等）改善局部立地条件，减少水分蒸发，提高林木成活率。

1.2　无灌溉造林关键因子

1.2.1　土壤水分

在干旱和半干旱地区，土壤水分成为植物生产力和生态系统可持续性的主要制约因素（Su B Q et al., 2019；Wang Y Q et al., 2012）。在过去的一个世纪中，大规模生态恢复，包括种植乔灌木，已在全球范围内广泛实施（Deng L et al., 2016），其恢复区的生态效益受到了广泛关注。研究表明，在干旱地区进行乔灌木为主的植被恢复，不同的恢复措施往往产生两方面的结果：一种是由于树种选择不当、造林密度过高等，造成深层土壤水分亏缺，林木生长衰退（Wang S et al., 2013）；另一种则能蓄水保墒，提高土壤含水量（Zhao G J et al., 2017），有效提升水土保持、防风固沙、增加碳汇等多种生态系统服务功能（Fu B J et al.，2017）。这两种结果关乎植被恢复工程的成败，其主要决定因子即是与植物根系关系密切的浅层和深层的土壤水分。

1.2.2　造林树种

在干旱和半干旱地区造林时，树种的选择有着重要影响，因为它直接决定了造林的最终成活率、造林效果以及造林功能的发挥。所以，必须重视树种的选择，只有科学选择树种，才能最大化发挥造林效益及功能。

（1）优先选用乡土树种。

干旱和半干旱地区应优先选择适应当地气候条件的耐旱、耐寒、耐瘠薄的乡土树种，乡土树种具有以下优势：能较好地适应当地的土壤和自然环境，不会影响当地其他植被的生存和生长；具有较好的抗逆性，抗病虫害能力强，用于造林不仅成活率高，而且后期便于养护，极大减少了人力、物力、财力的投入；能有效起到防止水土流失和防风固沙的作用，能对当地生态环境发挥积极的正向作用。因此，在干旱和半干旱地区开展造林活动时，应优先选用乡土树种。

（2）根系发达。

根系是植物吸收水分的主要器官，根系吸水的部位主要是根尖，包括分生区、伸长区和根毛区。其中，根毛区吸水能力最强，能深入土层达15m左右。干旱和半干旱地区土壤瘠薄且含水量少，种植根系发达的植物能深入土壤更深处的水源，只有根系吸收到足够的水分，才能源源不断地向地上部分输送，从而有效满足苗木对水分的需求。

（3）育苗简单。

由于干旱和半干旱地区自然条件特殊，大面积造林时，若选择育苗难度大的树种，则难以完成造林任务，应在充分调查植被类型和群落结构的基础上，充分了解植物的生长规律、抗逆性、生物学特性，选用育苗简单的树种积极开展造林试验，既能提高造林成活率，又能减少造林成本。

（4）耐寒、抗旱能力强。

干旱和半干旱地区冬季严寒、气候干燥、蒸发量大且降雨量少，要求造林树种必须具有突出的耐寒和抗旱能力。目前，干旱和半干旱地区根系发达且耐干旱、耐严寒的树种主要包括梭梭、沙拐枣、柽柳、白刺等。

1.2.3　技术措施

（1）容器育苗造林技术。

容器育苗造林是指将营养液灌入容器内部培育树苗的方式。相比裸根苗栽植造林，容器育苗造林因具有成活率高、苗木生长快、成林时间短、苗木抗性强等诸多优势，被广泛运用于干旱和半干旱地区造林活动中，已成为荒山造林的主要方式。

（2）混浆植苗袋造林技术。

混浆植苗袋造林是指在配置好的混浆植苗袋中放入树种，植苗袋材质为聚乙烯塑料，防透水的同时，还能为树种提供充足的营养。具体的混浆类型应根据树种特点及当地环境特点来决定，配置混浆时，应保证浆液混合的均匀性，树根插入植苗袋深度适宜，栽植后注意做好树盘修正工作。同时，为了使根系能长时间维持水分，更好地促进根系生长，应在植苗袋上做扎孔处理。

（3）保水剂造林技术。

保水剂属于高分子物质，不仅具有吸水能力，可吸收土壤和空气中的水分，还具有保水能力，使土壤的保水保墒能力得到有效提升，从而提高水资源利用率。目前，保水剂造林技术主要分为拌土法和蘸根法2种方式。拌土法：将保水剂与土按一定比例均匀混合，将其施入栽培沟或栽培穴中。拌土是为了使保水剂能均匀分布在植物根系周围，此方法目前应用较为广泛，播种、栽苗及基质育苗时均可采用。蘸根法：将植物根系均匀蘸上保水剂，可与农药混合使用，能有效改善保水剂使用效果，提高定植苗成活率，缩短缓苗时间。通常1kg保水剂能处理2000棵幼苗，因而，此方法更适用于干旱和半干旱地区规模化造林。

（4）地膜覆盖造林技术。

地膜覆盖造林主要应用于树苗生长阶段，挖好地沟，设置土围坝，以防水土流失，在苗木种植区域的周围覆盖一层厚塑料，塑料铺设四周高、中间低，促使雨水流向树根部。若塑料面积大，沟底面积小，可将塑料牢固压在山坡上和土围坝上，避免被大风吹破、吹走，该技术适应于少雨、干旱、缺水的山坡地。

1.3 无灌溉造林技术研究进展

1.3.1 集水造林

文献表明，国内外最早收集雨水利用始于20世纪50年代从利用地表径流开始。传统的利用方式包括：沿边坡等高线修筑微地形以拦蓄降水，地表或地下修筑引水渠等方式通过渠道系统浇灌农田或供人畜饮用（樊廷录，2002）。同期有学者在以色列内盖夫荒漠区，开展了不同集水面积、集水坡度和集水基质覆盖下降雨量与径流量的研究，提出了黄土径流理论（Loess runoff theory）（Yair A et al., 1983；Evenari M et al., 1994）。美国科学家相继研究了集水面处理方式对径流收集效率（runoff efficiency）与水质的影响（Myers L E., 1967；Frasier G W et al., 1975；Fink, D H et al., 1979）。20世纪60年代，我国科学家在黄土高原地区提出了鱼鳞坑、水平沟、反坡梯田等雨水集流水土保持技术。20世纪80年代后，随着地表水缺乏、地下水水位下降、水质恶化、土壤盐渍化和荒漠化加剧等生态环境问题的凸显，集水技术进入系统研究和快速发展阶段。集水理论的研究方面，有微型集水区（Microcatchment water harvesting，MWH）集雨系统的定量模拟研究，通过对水量平衡原理研究提出微型集雨系统适合于在年降雨量为250mm左右，且有黄土分布的荒漠区使用（Boers T M et al., 1986；Ben-Asher, 1987）。在集水应用方面，分别开展了小流域集水农业、降雨径流集水系统应用、以改善生态环境为目的的雨水集流系统等。

1.3.2 干旱和半干旱地区无灌溉造林

在我国包兰铁路防护体系生态建设工程中，最早使用了"无灌溉"一词，1956—1958年在包兰铁路沙坡头段，我国学者通过对油蒿、梭梭、沙枣、柽柳等几十种物种进行了灌溉与无灌溉的植被恢复对比试验，验证了在半干旱区无灌溉条件下，仅利用降水并选择耐干旱的固沙物种进行防护体系建设是可以成功的，且成本更低（刘媖心，1987）。由此，利用耐干旱物种进行无灌溉造林技术在我国干旱和半干旱地区逐步推广开来。

新疆自20世纪80年代以来，随着人口增长、长期樵采、过度放牧等人类活动的加剧，开始了沙漠植被的恢复与重建。其中80年代初期在准噶尔盆地莫索湾垦区进行了包括利用农业余水对撂荒地进行秋灌造林，利用地表径流在龟裂地平坦地形种植梭梭进行集水造林，利用沙层悬湿沙层水在流动、半固定沙地进行沙地积雪造林技术的研发（黄丕振，1985；Stanturf J A et al.，2014）。在风沙前沿进行的植被营建措施，成功营建了防风固沙防护体系，有效地改善了风沙前沿及其周边区域的生态环境；至 21 世纪初，一些重大工程在沙漠地区开展，对沙漠植被形成了扰动，为维护工程安全运行，保护自然生态环境，围绕重大工程进行了植被营建措施。如在古尔班通古特沙漠中实施了引水明渠生物防护体系的建设，为保护引水明渠安全运行，在明渠两侧裸沙地实施了利用悬湿沙层水进行无灌溉造林的植被营建措施，该技术成果在引水工程沙漠段进行了大面积推广应用（李生宇等，2002）；2010 年之后，以克拉玛依城市外围梭梭人工林的建植较为典型。在该区域广泛分布的土壤类型为灰漠土和砾漠土。由于城镇外围植被稀疏，覆盖度极低，春秋大风季节，风蚀危害极为严重，对当地居民生活和生产造成了极大的危害。大面积栽种需要灌溉的乔木林无法实现，为防风阻沙保护当地环境，地方政府在城镇外围荒漠区进行了无（低）灌溉的植被营建措施，其中在砾漠立地条件进行的微地形改造＋土壤重构种植梭梭林的植被营建措施较为成功（杨更强等，2015）。以上无灌溉造林技术在准噶尔盆地及周边地区的生态工程建设、风沙灾害防治中已得到广泛应用并发挥了重要作用。

围绕上述干旱和半干旱区的无灌溉造林工程，产生了以下 5 个方面的在沙漠立地条件进行植被恢复的理论成果：①建立旱生灌木为主的植被恢复技术体系是沙地生态系统恢复的最佳模式（Li X R et al.，2014）。该类技术模式在西北沙漠地区得到了广泛的推广与应用，包括雨养型植被建设技术与模式在腾格里沙漠的应用、利用悬湿沙层水植被建设技术与模式在古尔班通古特沙漠的应用等（钱亦兵等，2002）。②探明了人工植被在荒漠生态恢复过程中稳定性维持的生态学机制。即随着固沙植被区深层土壤的干旱化，大量固定沙面的生物结皮（藻类、藓类和地衣）的繁衍（张元明等，2010）、一年生植物和多年生草本的定居（王雪芹等，2006），人工灌木种群的优势地位和主导作用逐渐减弱，并有从植被组成中退出的趋势（Li X R et al., 2010）。③揭示了沙漠立地条件下植被格局与土壤水分的相互调控机制。如人工固沙植被建立 9~10 年后土壤含水量下降，导致人工植被组成由优势灌木向一年生植物和浅根系半灌木演替（严成等，2015）。④沙漠人工生态系统碳、氮循环及其对环境因子的响应。人工植被建立 20 年之后，沙漠人工植被在植物非生长季向大气中释放 CO_2 的碳源，显著改变了区域碳通量变化特征（Wang X P et al., 2013）。⑤生物土壤结皮（BSC）的生理生态功能及其在沙地植被恢复中的重要意义。

2 古尔班通古特沙漠概况

古尔班通古特沙漠位于新疆维吾尔自治区，横跨塔城、阿勒泰、昌吉回族自治州和乌鲁木齐市北部（衡瑞等，2023）。其海拔高度237~876m，坐标北纬 44°15′ ~ 46°50′，东经 84°50′ ~ 91°20′。该沙漠是中国八大沙漠之一，面积约 48800km²，为我国第二大沙漠，也是纬度最高的大型沙漠，属于温带干旱荒漠区，是新疆北部典型的沙漠生态系统（薛智暄，2023）。沙漠分为 4 个区域：西部为索布古尔布格来沙漠，中部为德左索腾艾里松沙漠，东部为霍景涅里辛沙漠，北部为阔布北 – 阿克库姆沙漠（解锡豪，2022）。该沙漠主要为固定和半固定沙漠，是我国面积最大的固定和半固定沙漠（朱震达等，1980）。其植被覆盖度较高，固定沙丘为 40%~50%，半固定沙丘为 15%~20%（杜佳倩等，2022），见图 2.1。

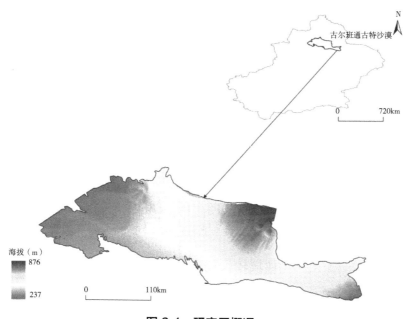

图 2.1　研究区概况

古尔班通古特沙漠是中国最大的固定和半固定沙漠，其沙丘形态丰富多样，形成了一个典型的沙漠景观。该沙漠的沙丘主要分为沙垄、树枝状沙垄、梁窝状沙丘、蜂窝状沙丘及少量的新月形沙丘等类型，其中沙垄和树枝状沙垄是最为典型的沙丘形态（吴正等，1962；中国科学院新疆综合考察队等，1978；朱震达等，1980）。沙漠受中纬度西风环流控制（吴正等，2009），周围山地环绕，特别是天山山脉的冰雪覆盖面积大。西风环流的水汽输送变化与南部高山冰雪和降水量的变化，决定了沙漠气候湿润程度及局地湿润状况的变化，进而影响沙漠环境的演变。

2.1　沙丘形态

2.1.1　沙垄和树枝状沙垄

沙垄是古尔班通古特沙漠中最常见的沙丘类型，其形状为长条或弯曲状，形态和大小受风力及沙源供应的影响。树枝状沙垄由多个交错的沙垄组成，增添了沙漠地貌的美感，二者占固定和半固定沙丘总面积的50%~80%。

沙垄通常呈西北—东南走向，平直延伸，常与倒向的新月形沙丘共存，见图2.2。中部和北部受北北西风和东北风作用，主沙垄大致呈南北走向；南部则转为西北—东南走向。沙垄长度在数百米至十几千米，北部沙垄高度为10~50m，最高可达70m，西北部沙垄间距可达1500m，东部为150~300m。

沙垄通常不对称，西坡较长且缓（坡度12°~17°），东坡较短且陡（坡度29°~33°）。中部和东部风力趋于均衡，沙垄形态变得对称，呈南北走向。

图 2.2　古尔班通古特沙漠沙垄

2.1.2　梁窝状沙丘与蜂窝状沙丘（图2.3）

梁窝状沙丘由沙垄与沙窝交替形成，呈规律性排列，形态如同沙丘的"梁"与"窝"。沙窝是由风力作用下沙粒堆积和吹脱形成的。蜂窝状沙丘由风蚀和风力变化形成，表面呈蜂窝纹理。这两种沙丘形态虽少见，但在沙漠中部和边缘仍有分布。

蜂窝状沙丘（沙垄–蜂窝状沙丘）主要分布在沙漠南部，主梁高度30~50m，附梁较低、坡度缓，蜂窝形态不明显。主垄顶部受风蚀作用形成流沙带，分布有风成波纹。蜂窝状沙丘主要分布在沙漠西南部及3个泉干沟东南岸，受多种风向影响，通常出现在气流交汇区，边缘为过渡带。

在奇台以北地区，风向转为北西西，沙垄走向由北西西—南东东转为树枝状，沙垄间低地宽广，沙垄排列呈现北部到东南部的弧形转折现象（王树基等，1997；姜逢清等，1998）。

（a）

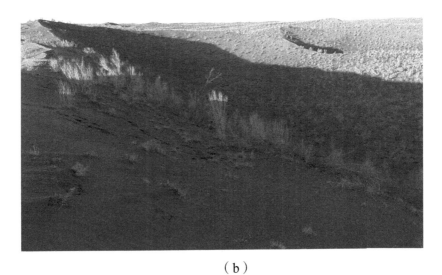

（b）

图 2.3　古尔班通古特沙漠沙丘

2.1.3　新月形沙丘（链）

新月形沙丘通常出现在沙漠边缘，呈新月状或链状，由风力作用下沙粒堆积形成。其形态具有较强动态特征，会随着风向变化而迁移，在风力较强的区域更为显著。与沙垄和树枝状沙垄相比，新月形沙丘形态变化更加明显，两端尖，中间较宽，曲线和方向随着风向变化调整。

在古尔班通古特沙漠中，新月形沙丘分布较少，主要集中在风力较强的边缘区域，与沙垄或树枝状沙垄共同存在。尽管新月形沙丘流动性强，但在该沙漠中不如其他沙丘类型分布广泛，且形态变化迅速，形成和消失较为短暂。

2.2　土壤特征

古尔班通古特沙漠段的土壤类型为干旱砂质新成土。自然沙垄表层土壤盐分一般 < 0.05%，pH 在 8.0~8.6。人工林表层土壤盐分 0~0.5cm，在种植 10 年后（2013 年种植）达 0.1% 左右，pH 在 9~10；在种植 6 年后（2007 年种植）为 0.1% 左右，pH 在 9~10；在种植 3 年后（2010 年种植）达 0.08% 左右，pH 在 8.6~9.0，见表 2.1。

在表层结皮层 0~0.5cm 有微弱分化，主要表现为有机质含量明显高于下层，在人工林种植前一般可达 1~3 倍。在人工林种植 10 年后（2013 年种植）达 11.15 倍，在种植 6 年后（2007 年种植）达 4.7 倍，在种植 3 年后（2010 年种植）达 4.7 倍，见表 2.2。

表 2.1　不同种植年限土壤盐分状况

种植年份	取样类型	采样深度（cm）	全盐	易溶性盐（g/kg）							
				CO_3^{2-}	HCO_3^-	Cl^-	SO_4^{2-}	Ca^{2+}	Mg^{2+}	K^+	Na^+
1995年自然沙垄	固定沙丘	0~0.5	0.223	0	0.137	0	0.036	0.031	0.019	0	0
		0.5~10	0.220	0	0.120	0	0.048	0.037	0.011	0.002	0.002
		10~20	0.220	0	0.139	0	0.033	0.031	0.011	0.003	0.003
2003年种植	人工林下	0~0.5	1.19	0.0883	0.544	0.0373	0.14	0.032	0.016	0.243	0.0923
		0.5~10	0.726	0.11	0.293	0.022	0.059	0.01	0.009	0.1893	0.0337
		10~20	0.667	0.105	0.3097	0.018	0.02	0.0143	0.0063	0.1843	0.0107
2007年种植	人工林下	0~0.5	1.102	0.0937	0.4987	0.0563	0.1093	0.0187	0.011	0.2967	0.019
		0.5~10	0.608	0.0267	0.263	0.022	0.117	0.0353	0.0093	0.1243	0.013
		10~20	1.265	0	0.142	0.0147	0.7307	0.181	0.0127	0.1777	0.007
2010年种植	人工林下	0~0.5	0.796	0.026	0.3807	0.04737	0.099	0.021	0.0107	0.176	0.036
		0.5~10	0.402	0.021	0.241	0.0147	0.0103	0.025	0.0083	0.0713	0.011
		10~20	0.324	0.009	0.204	0.013	0.0133	0.036	0.0137	0.0283	0.007

表 2.2　不同种植年限土壤有机质状况

种植年份	取样类型	采样深度（cm）	有机质	全N	全P	全K	pH 1:5
			g/kg				
1995年自然沙垄	固定沙丘	0~0.5	6.52	0.284	0.70	18.9	8.1
		0.5~10	1.54	0.070	0.70	16.2	8.3
		10~20	1.20	0.054	0.40	15.0	8.6
2003年种植	人工林下	0~0.5	6.36	0.448	0.30	11.84	9.5
		0.5~10	0.47	0.033	0.22	11.5	9.6
		10~20	0.53	0.032	0.25	11.9	9.7
2007年种植	人工林下	0~0.5	4.49	0.351	0.23	12.9	9.6
		0.5~10	0.95	0.071	0.19	13.3	9.1
		10~20	0.70	0.044	0.22	13.2	8.4
2010年种植	人工林下	0~0.5	3.06	0.180	0.20	14.1	9.0
		0.5~10	0.65	0.044	0.22	14.0	8.9
		10~20	0.56	0.033	0.19	13.8	8.6

2.3 气候特征

古尔班通古特沙漠受大气环流和山盆相间分布的地形影响，其区域气候具有以下几个明显特征。

2.3.1 气温和降水特征

由图 2.4 可知，古尔班通古特沙漠年平均气温为 7.65℃，年均降水量为 152.6mm，降水量集中在春夏季节，但降水较为稀少，年降水量通常在 76.1~197.6mm（季方等，2000）。从整体趋势来看，气温略有下降，降水略有增加，呈现"冷湿化"趋势。沙漠腹地气候最为干旱，年降水量约 110mm，而年蒸发量超过 2000mm，蒸发量是降水量的 23~31 倍，干燥度高，具有典型的内陆干旱气候特征。冬季漫长且寒冷，温度变化大，1 月平均气温低于 –20℃，7 月可达 28℃，年温差可超过 40℃，极端气温波动达 80℃，且冬季沙漠腹地的冻土深度可达 150cm。

总结起来，古尔班通古特沙漠属于典型的温带干旱区（李江风，1991），气候寒冷干燥，降水少、蒸发强，年温差大，冬季寒冷且持续时间长。

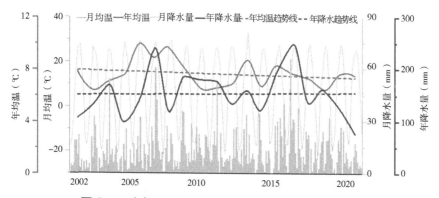

图 2.4 古尔班通古特沙漠近 19 年气温与降水变化

2.3.2 风速和风向特征

影响古尔班通古特沙漠的主要风向有来自西部山谷和山口的西风气流以及冬季蒙古高压形成的东北风系。春夏季节，西风和西北风较为常见，而在9月至次年3月，则多为东北风；春夏季节，沙漠北部及腹地还会有一定比例的东南风。在沙漠腹地，每年约有20d ≥ 8级的大风，主要发生在春夏季。

古尔班通古特沙漠西部全年平均风速在0.83~3.10m/s。春夏季节风速较大，其中5月的风速最高，4月和6月次之，秋冬季节风速较低，且有明显的季节性波动。各气象站点的风速存在差异，克拉玛依站和呼图壁站的平均风速较高，分别为2.19m/s和2.25m/s；玛纳斯站的平均风速最低，为1.41m/s。

总结起来，古尔班通古特沙漠风速较强，尤其是在春夏季节，风向主要为西风、东北风以及东南风，且大风天气频繁，风速波动较大，区域内不同站点风速存在差异（刘瑞，2023）。

2.4 地质地貌

古尔班通古特沙漠位于准噶尔盆地中央，盆地四周被古生代的缝合线和褶皱带围绕（陈哲夫等，1985）。准噶尔盆地的地质演化过程复杂，最早在石炭纪之前已形成基底，之后在石炭纪至二叠纪期间，盆地逐步过渡为内陆湖盆。进入中生代和古近纪，盆地经历了强烈的构造变动和沉积作用，最终发展成现有的内陆湖盆。在新近纪末，天山和阿尔泰山脉发生垂直上升运动，山脉再度抬高，形成了对印度洋和北冰洋水汽来源的阻隔，使得准噶尔盆地逐渐演化为一个荒漠性内陆山间盆地（吴正，1962）。

在新构造运动期间，盆地周围的山系继续隆升，且盆地南部和西部边缘形成了多个凹陷地带，堆积了大量的第四纪沉积物。这些地质过程塑造了盆地的地形，形成了一个由东北向西南倾斜的三角形地势。盆地周围有多个谷地与邻区相连，包括西北的额尔齐斯河谷地、西南的艾比湖盆地以及东端的宽阔洼地。这些谷地和洼地的存在进一步影响了盆地的水文与生态环境。

2.5 植被分布

2.5.1 区系组成贫乏而独特的荒漠植被

基质松散、养分贫瘠，春夏之交起沙风多，缺少天然水体、地下水深埋，降水少、蒸发强烈、干旱等是研究区自然环境的基本特征。因此，除短命和类短命植物以及少数长营养期的一年生植物外，沙漠中的植物几乎都是旱生和超旱生种类，区系组成极为简单。由其所形成的最具景观意义的荒漠植物群落结构简单、覆盖稀疏，在外力的作用下极易受损和破坏，构成古尔班通古特荒漠生态系统的最重要特征。

2.5.2 植物区系组成贫乏，藜科植物最为丰富

整个古尔班通古特沙漠中的沙生和耐沙植物不超过200种，莫索湾地区有109种，以准噶尔荒漠生态定位站（103团北）为中心的700km^{2}内有86种，新疆荒漠草地384km^{2}的自然保护区中（奇台芨芨湖）的高等植物为139种。据此估计，额尔齐斯北水南调工程沙漠段的植物种类为100种左右。古尔班通古特沙漠植物区系的组成中，藜科植物占优势；准噶尔荒漠生态定位站曾记录到21种，占当地植物区系组成的

24%±4%；据 1996 年新疆荒漠草地自然保护区的调查，报道有 44 种藜科植物的记录，占保护区高等植物的 31%±2%（张立运等，1998）。

2.5.3　植物生活型的多样性很高

这里的植物区系虽然贫乏，但植物生活型的多样性却很丰富。小半乔木植物的代表有梭梭和白梭梭，灌木植物的代表有白皮沙拐枣和几种柽柳，属于小灌木和半灌木的植物有驼绒藜（*Ceratoides lateens*）、琵琶柴（*Reaumuria soongorica*）、沙漠绢蒿（*Seriphidium santolina*）、无叶豆（*Eremosparton soongoricum*）等，多年生草类有羽状三芒草（*Aristida pennata*）、细叶鸢尾（*Iris tenuifolia*）、沙生针茅（*Stipa glareosa*）、沙葱（*Allium* spp.）等，一年生长营养期的植物有角果藜（*Ceratocarpus arenarius*）、木本猪毛菜（*Salsola arbuscula*）、刺沙蓬（*Salsola ruthenica*）、沙蓬（*Agriophyllum arenarium*）等，短命、类短命植物有旱麦草（*Eremopyrum orientale*）、齿稃草（*Schismus arabicus*）、四齿芥（*Tetracme recuruvata*）、条叶庭荠（*Alyssum linifolium*）、沙生千里光（*Senecio Subdentatus*）和簇花芹（*Soranthus meyeri*）、独尾草（*Eremurus anisopteris*）、囊果薹草（*Carex physodes*）等。其中，一年生的种类最多，莫索湾地区占当地植物的 57%±8% 和新疆荒漠草地自然保护区占 44%±6% 的情况即可说明这一特点。

2.5.4　短命植物获得一定发育，以旱生和超旱生植物为主

春季沙地上部沙层的土壤水分含量较高，气候暖湿，为短命植物的生长发育提供了有利的生态条件。春季降水较多的年份，短命植物生机盎然，为春天的沙漠披上一层绿色毡毯。据调查，这里短命、类短命植物的数量估计在 40 种左右。

古尔班通古特沙漠腹地生长的植物，一般不能利用地下潜水，由冬春积雪融水以及雨水补给而成的悬湿沙层是植物群落生长的主要水源（陈昌笃等，1983）。所以，沙漠中的植物除某些依靠融雪水和春季雨水生存的短命植物以外，大多是旱生和超旱生的种类。

2.5.5　植物群落类型及其分布

工程沿线沙漠段以白梭梭群落为主，面积最大且分布广泛，几乎覆盖所有固定、半固定沙垄和部分垄间地，是最具景观意义和代表性的植被。梭梭群落面积较小，主要分布在沙漠南缘及5个沙疙瘩以北的覆沙地和低矮的固定沙垄上，植株长势良好，具有自然更新能力，形成天然屏障，保护绿洲、阻止沙漠南移。在沙漠北部的3个泉大洼槽，梭梭群落与驼绒藜群落共存；沙漠中部，除白梭梭群落外，还有蛇麻黄（*Ephedra distachya*）群落、沙漠绢蒿群落和白皮沙拐枣群落。沙漠南北植物群落差异可能与降水量、潜水埋深及沙粒粗细有关（夏阳等，1997）。

调查显示，白梭梭群落植物隶属于22科56属（表2.3），其中藜科、莎草科、菊科、牻牛儿苗科、麻黄科占据主导地位，总重要值为133.32，占81.9%。这些科是该群落的主要组成部分。

群落种类组成决定其结构和功能。白梭梭群落中有高等植物65种，分属于22科56属，主要为菊科、藜科各8种，豆科、百合科各5种，十字花科、紫草科各4种。白梭梭群落植物以寡种属为主，1属1种植物占9.86%。

初春，土壤水分较高，植物种类最丰富，达36种，分属13科30属。春末夏初，土壤水分急剧下降，短命植物减少，莎草科、牻牛儿苗科、菊科等植物枯萎，仅剩5科15属高等植物。秋末，部分植物出现秋萌现象，植物种类增至 20 种，分属 10 科 17 属，以藜科植物为主。藜科植物多为旱生或超旱生灌木和一年生植物，十字花科植物为一年生短命植物，菊科和紫草科植物多为多年生草本或短命植物。沙漠南部的柽柳科和白花丹科植物未出现在调查样地内，因此未计入重要值。

表 2.3　研究区植物组成

科名	属数	种数	占全部种数的比例（%）
藜科	8	9	12.9
莎草科	1	1	1.61
菊科	9	10	14.52
牻牛儿苗科	1	1	1.61
麻黄科	1	2	3.23
豆科	5	5	8.06
石竹科	3	3	4.84
十字花科	4	4	6.45
蓼科	2	2	3.23
紫草科	4	4	6.45
蒺藜科	2	2	3.23
百合科	3	5	8.06
罂粟科	1	1	1.61
大戟科	2	2	3.23
伞形科	1	1	1.61
鸢尾科	1	1	1.61
唇形科	3	3	4.84
石蒜科	1	1	1.61
车前科	1	2	1.61
列当科	2	2	3.23
柽柳科	2	2	3.23
白花丹科	1	2	3.23
合计	56	65	100%

2.6 人类活动

古尔班通古特沙漠的生态系统极为脆弱,对外界干扰极为敏感(钱亦兵等,2010)。20世纪中叶以来,随着人口的增长和生产力的提高,人类在沙漠及其周边地区的活动逐渐增多,尤其是过度开发和资源利用导致沙漠边缘的植被生态系统遭到破坏。这种人类活动的影响使得沙漠地区的生态环境进一步恶化,植被退化和沙漠化问题加剧。然而,20世纪90年代后,环保意识的提升和可持续发展理念的广泛推广,诸多不合理的大规模人类活动得到有效遏制,环境保护措施逐渐开始生效。

近20年来,尽管人类活动有所减少,但沙漠中持续进行的交通基础设施建设,如公路、油气管道的铺设以及水利工程的建设等,这使得沙漠植被景观破碎度显著增加。沙漠地区纵横交错的交通网和管道,打破了沙漠原有的生态平衡,影响了植被的连续性与生态恢复过程。与此同时,过去60年里,全球气候变暖趋势对古尔班通古特沙漠的环境产生了一定影响,降水量增加,近地表风速减小,土壤湿度提高,植被生长条件改善(杨怡等,2017;丁佩燕等,2017)。这些气候变化带来的正面效应,加上国家大规模实施的生态保护和修复措施,促使得沙漠的生态环境逐步改善。封沙育林等政策在沙漠地区得到了持续推行,改善了沙区植被保育条件,有效地缓解了西北干旱区土地荒漠化趋势。沙漠边缘的流动沙丘逐渐稳定,向固定沙丘和半固定沙丘发展,草灌丛沙丘广泛发育,这成了沙漠生态恢复的一个标志性现象。

这些生态变化表明,虽然沙漠中仍存在一些人类活动对生态环境的负面影响,但总体而言,随着生态保护政策的推进,沙漠植被覆盖逐渐增加，风沙活动得到有效抑制，沙漠化趋势得到了缓解。尤其是在沙漠边缘，草灌丛沙丘的形成和发展，有助于稳定沙丘，减缓风沙侵蚀，从而有效改善当地生态环境。

3

古尔班通古特沙漠土壤水分时空分布特征

3.1 沙地水分动态

3.1.1 沙地水分的季节变化

每年的 11 月至次年 2 月属于水分冻结凝滞期，自 11 月开始，地表温度及月均温在 0℃ 以下，地表水分主要以气态形式向上转移，含水量在 1%~2%。此时期土壤水分变化很小。

3—4 月为融雪补给期，此时地表温度上升，冻土和积雪开始融化，此时蒸发较弱。此时期土壤水分以融雪补充为主，是全年中含水量最高的时期，平均为 3.5%（图 3.1）。

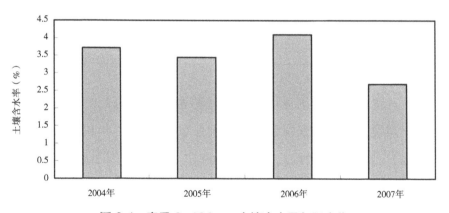

图 3.1　春季 0~120cm 土壤含水量年际变化

5—10 月为土壤水分失水期。观测期内降雨量占全年 50% 以上，但蒸发量远大于降水量，且 5—10 月处在植被生长耗水期，对水分影响很大。自 5 月起，月均温和地表温度上升，太阳辐射强度增大，来自融雪补给期的水分开始急剧散失。从 6 月上旬到 8 月中旬进入持续高温，7—9 月为强失水期，8 月中旬至 10 月温度降低，蒸发量变小，水分散失速度趋缓，但仍以消耗为主。土壤含水量变异系数为融雪补给期（62.41%）＞冻结滞水期（51.53%）＞失水期（47.42%）。这也说明融雪补给期土壤水分变化最大。

3.1.2 沙地水分的空间变化

坡向和坡位都对沙地水分分布产生影响。对样点分为阴坡、阳坡，取平均值进行分析，以不同坡向为主处理，以不同坡位为裂区，不同深度土层为裂-裂区进行多重比较，表明阴阳坡间土壤水分变化规律具有极显著差异（$P<0.01$，$F=0.0029$），见表3.1。

表 3.1 不同坡向间多重比较（LSD）

	均值	5% 显著水平	1% 极显著水平	F 值
阴坡	1.37%	a	A	0.0029
阳坡	1.32%	b	B	

不同坡向土壤含水量均值变化趋势也表明（图3.2），阴坡土壤水分比阳坡土壤水分状况好，土壤水分2004—2009年秋季均值阴坡（1.37%）＞阳坡（1.32%），其中2009年秋季阴坡（1.23%）＞阳坡（0.98%），差异较前3年有增大趋势；平均变异系数阴坡（57.76%）＞阳坡（53.86%）。这是由于植被盖度阴坡＞阳坡，太阳辐射阴坡＜阳坡，蒸散作用阴坡＜阳坡造成的。

3.1.3 不同坡位沙地水分变化

总体上垄间低地土壤水分较高，变幅大，涉及的深度也大，而垄顶土壤水分较少，变幅小，土壤水分变化的层次也浅，两坡居中。与前期研究结果相似。对不同坡位不同年份的土壤含水量进行多重比较

（LSD），结果表明，垄间、垄顶、坡中土壤含水量变化无显著性差异
（表 3.2）。

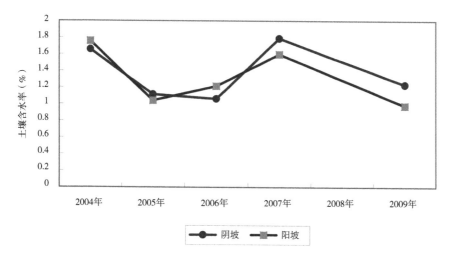

图 3.2 不同坡向间 0~120cm 秋季平均土壤含水量变化

表 3.2 不同坡位土壤含水量多重比较（LSD）

	均值	5% 显著性水平	F 值		
			垄顶 – 垄间	垄顶 – 坡中	坡中 – 垄间
垄顶	2.17%	a		0.6	
坡中	1.95%	a	0.79		
垄间	2.06%	a			0.8

土壤含水量有从垄顶向两侧垄间逐渐增加的趋势（图 3.3、图 3.4），
反映沙垄地貌部位对降水、下渗、渗透、径流、蒸发和蒸腾等水文过程
有较大的影响作用。春季融雪补给期，表层 0~20cm 土层因冻融交替进
行，导致坡面表层、次表层径流十分显著。在表层、次表层土壤水分含
量丰富时段，除蒸发损耗外，垄顶流动、半流动地带土质疏松，土壤水
分运动以下渗为主；坡面土壤水分运动同时存在下渗和坡面侧渗；而垄

间地土壤水分运动以下渗、坡面汇集为主。与其他干旱区的相关研究结论相吻合。与垄间相比，垄顶风力较强，土壤疏松，水分易于损耗。这些因素共同作用，决定全年土壤水分的空间分异。

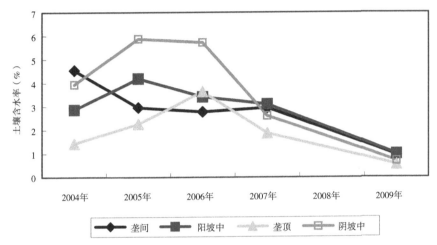

图 3.3　不同坡位间秋季自然沙垄土壤含水量动态变化

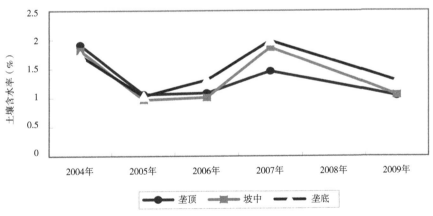

图 3.4　不同坡位间秋季人工防护林土壤含水量动态变化

秋季人工林内和自然沙垄趋势相同，坡位间水分差异有从垄顶向垄底逐渐增加的趋势；而在年变化上有所不同，自然沙垄土壤水分从2004 年到 2006 年有一个逐渐增高的过程，第 3 年以后又逐渐降低。而人工林从 2004 年到 2006 年有一个逐渐衰减的过程，2007 年有所增高，2009 年又有降低。这是因为在人工林种植的前两年内，人工林单位面积内的耗水逐渐增加，而后有逐渐回复到平衡状态所导致的。

3.1.4　土壤中水分的垂直分布

对土壤水分垂直分布进行定量分析，采用国内一致认可的标准差判别法，分为活跃层、过渡层和稳定层 3 个层。标准差 SD 为活跃层 > 过渡层 > 稳定层。对其进行多重比较（LSD），活跃层与稳定层（$P<0.01$，$F=0.009$）、活跃层与过渡层（$P<0.01$，$F=0.001$）均有极显著差异，稳定层与过渡层之间无显著性差异。土壤含水量均值为活跃层（2.71%）> 过渡层（2.14%）≈稳定层（2.11%）同时变异系数（CV）活跃层 > 过渡层 > 稳定层（表 3.3）。

表 3.3　土壤水分垂直分布特征

坡位	土壤水分活跃层		土壤水分过渡层		土壤水分稳定层	
	深度（cm）	标准差 SD	深度（cm）	标准差 SD	深度（cm）	标准差 SD
垄间 2004	0~30	2.04	30~60	1.07	60~100	0.55
垄间 2005	0~30	1.96	30~60	0.99	60~100	0.53
坡中 2004	0~30	1.64	30~60	1.08	60~100	0.69
坡中 2005	0~30	1.69	30~60	1.00	60~100	0.61
垄顶 2004	0~30	2.86	30~60	0.84	60~100	0.71
垄顶 2005	0~30	2.73	30~60	0.81	60~100	0.70

0~30cm 活跃层土壤水分对降水、积雪融化、植物耗水、土壤蒸发等响应敏感，是变化幅度最大的土层，甚至在短时间内可以出现剧烈变化。其中，垄顶表层变异系数最大，从活跃层到稳定层土壤含水量变化程度依次降低（图 3.5），30~60cm 过渡层土壤水分在特定时期

也会受积雪补给及突发性特大降水的影响，相对活跃层变化幅度较小。60~120cm 土壤稳定层全年受外界环境因子影响较小，土壤含水量常年保持在 1%~2%。

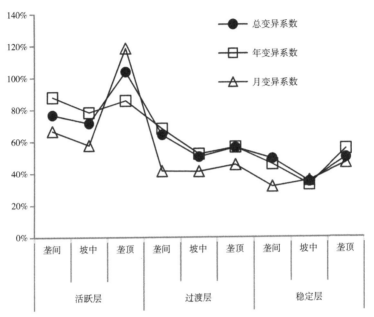

图 3.5　不同地貌部位土壤含水量垂直分布变异系数

3.1.5　红柳沙丘和梭梭沙丘土壤水分状况

研究地带周边分布有大量的柽柳，它们与梭梭等植物组成了沙漠低洼地及沙区与绿洲过渡带的主要灌木类群。

图 3.6 和图 3.7 是 2009 年典型红柳沙丘和梭梭沙丘 7—11 月土壤含水量垂直分布图。从图中可以看出红柳沙丘和梭梭沙丘 7—11 月土壤含水量垂直方向上变化均呈现增加趋势，但红柳沙丘增幅较大，且不同月份之间含水量波动幅度较小，随深度增加，土壤含水量均值变化范围在 1.12%~5.05%。梭梭沙丘土壤含水量随深度增加增幅较小，

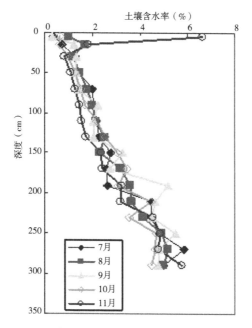

图 3.6 2009 年 7—11 月红柳沙丘土壤含水量垂直分布

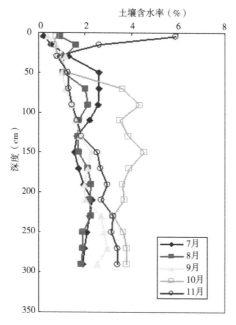

图 3.7 2009 年 7—11 月梭梭沙丘土壤含水量垂直分布

波动幅度较大，随深度增加，梭梭沙丘土壤含水量均值变化范围在
1.05%~2.81%。

对红柳沙丘和梭梭沙丘各月相同深度含水量进行平均，得到其垂
直剖面上平均土壤含水量值，对其进行比较，可以看出，在 0~130cm
内，两者含水量基本相似，超过 130cm 后，红柳沙丘的土壤含水量
逐渐大于梭梭沙丘，最大差值为 2.31。由图 3.6 可以看出，红柳沙丘
0~30cm 层土壤含水量较低，随深度增加，含水量增加。当深度达到
250cm 时，土壤含水量趋于稳定。在所研究的 0~290cm 内可将红柳沙
丘土壤含水量自上而下分为土壤水分活跃层（0~30cm）、土壤水分次活
跃层（30~230cm）、土壤水分相对稳定层（230~250cm）。梭梭沙丘也
呈现出相同的变化规律，当深度达到 150cm 处时土壤含水量增幅便渐
趋稳定，在 30~150cm，土壤含水量出现一个小的波动，因此，梭梭沙
丘土壤含水量自上而下也可分为水分活跃层（0~30cm）、水分次活跃层
（30~150cm）、水分相对稳定层（150~290cm）3 个层次。

3.2 积雪融化与沙地悬湿沙层水分的关系

积雪融化是沙地悬湿沙层水分最重要的补充途径。

3.2.1 沙漠的积雪分布特征

古尔班通古特沙漠沙地水分规律独特，与该沙漠气候条件密切
相关。气象资料显示，日平均气温下降到 0℃ 以下，11 月 30 日开始
下第一场雪。12 月，降水量达到 15.6mm，月底测得地表积雪厚度为
20~22cm。1 月降水量为 5.8mm，累积积雪厚度为 23~25cm。2 月降水
量为 1.3mm，积雪厚度较 1 月份略有降低，为 20~23cm，这与温度有所

回升、积雪升华及雪盖变得更加致密密切相关。3 月 5 日开始雪融，至
3 月 9 日雪的厚度迅速降低到 5~10cm。从积雪在沙丘表面的空间分布来
看，从降雪开始到次年气温回升前，雪厚从垄顶到垄间并无明显的空间
分异。由于该沙漠冬季风力弱，因此不存在风力对雪的搬运和堆积。但
是当 3 月气温开始全面回升后，受太阳辐射和坡向的影响，沙垄西坡、
垄顶部和垄间低地雪盖先消融，最后消失的是沙垄东坡（图 3.8）。

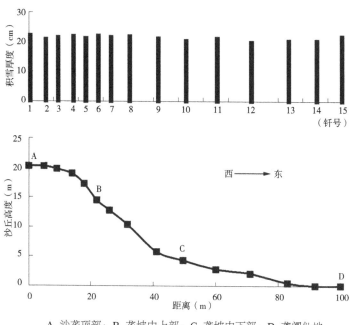

A. 沙垄顶部；B. 垄坡中上部；C. 垄坡中下部；D. 垄间低地

图 3.8 沙垄断面积雪厚度分布

从冻土变化趋势来看，10 月下旬日最低气温已降至 0℃ 以下，但
地表尚未冻结。11 月上旬冻土自表层开始形成，逐渐向下深入。2 月
1 日日均温降到最低，为 –30℃，此时冻土深度已下移至 111cm 深度。
截至 2 月 18 日，所达到的最大冻土深度为 139cm。3 月上旬，冻土自
地表开始消融，随着气温的持续回升，冻土上界下移而下界上移。至 3

月中旬冻土层仅位于地下 10~40cm 的深度范围。可见该沙漠冻土变化总体表现为其形成和消亡较气温变化相对滞后，秋冬季冻土自表层形成向下发展，春季则自表层开始消融和退缩，3 月底冻土基本全部消失。此外，在秋末和初春季节，由于昼夜温差可达 15℃ 以上，表层冻土还存在明显的昼融夜冻现象。冻土的存在有非常重要的理论意义和应用价值，在古尔班通古特沙漠亦对土壤水分的时空分异过程起着重要的作用。

3.2.2 沙垄土壤水分的季节变化

依据该区域土壤水分变化趋势及与气象条件的关系，将年内变化按季节划分为如下阶段：①春季土壤水分补给阶段，从 3 月上旬开始至 4 月底；②夏季土壤失水阶段，从 5 月中旬至 7 月底；③秋季土壤弱失水阶段，从 8 月初至 11 月上旬；④冬季冻结滞水阶段，从 11 月底至 3 月初。根据沙地水分的垂直变化，大致可划分为 3 层：0~30cm 为上层，是土壤水分变化最活跃的层次；30~60cm 为中层，土壤水分变化介于过渡状态；60~100cm 为下层，土壤水分相对稳定。

3 月上旬地表积雪开始融化，融雪水向冻土表面汇聚，使冻土层以上土壤水分处于过饱和状态，土壤水分含量可高达 16%。3 月中旬，冻土层上界下移到 20~40cm 处，土壤水分开始下渗，但仍以上层含水率最大，在 5.6%~10.1%，中层为 1.4%~2.3%，下层为 1.4%~1.6%。随着冻土层持续下移直至消失，加上春季的部分降雨，到 4 月中旬土壤水分已下渗到 50~60cm 处，表层土壤水分因蒸发下降、而中层升高、下层稳定，上、中、下各层土壤水分变化范围依次为 2.8%~4.1%、4.8%~5.9% 和 1.2%~2.8%。5 月、6 月平均气温达到 20℃ 以上，加上短命植物生长繁茂，土壤水分开始处于强失水阶段，表层形成 10cm 左右的干沙层，而干沙层的存在抑制其下水分的蒸发，使得中层水分不至于迅速减少。7—10月各层土壤水分均下降到2%以下，除大于20mm的降水可以湿润上层土壤外，5mm以下的降水仅能湿润表层干沙层，并且很快蒸发，土壤水分无明显的垂直变化（图3.9）。11月以后，气温下降到0℃以下，沙层自上部开始冻结。在冻结势的作用下水分以液态、气态形式向冻层运移，使表层土壤水分含量较高。整个冬季地表承接近20cm左右的积雪，待来年3月表层积雪和冻土融化时，又进入了新一轮的土壤水分补给阶段。总体来看，沙漠南部土壤水分以3月、4月状况最好，5月下降最快，6月下旬后趋于稳定以及冬季冻结滞水为显著特征。

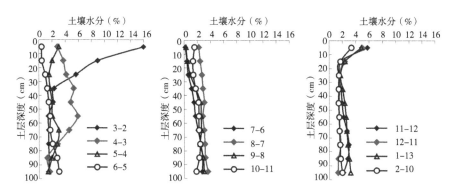

图3.9　垄间沙土水分的季节变化

3.2.3　沙垄土壤水分的空间变化

研究区气温自2月中旬开始回升，从2月18日的-25.2℃迅速上升到3月1日的-8.4℃。由于积雪和冻土尚未消融，沙垄各部位土壤仍处于冻结滞水状态，见图3.10（a）。3月9日日均温上升到0℃左右，冻土层上界下移到5~10cm深度。积雪融水首先转化为土壤水，使融土中的含水量升高。此时垄顶部和垄间低地有占总面积50%左右的积雪已经消融，留存积雪厚度<10cm。与此同时，沙垄东坡却还有80%的积雪存在。积雪厚度在8~15cm，观测到垄顶部、东坡中上部、东坡中下部和垄间低地表层10cm土壤含水率依次为12.44%、6.53%、8.72%和14.88%，见图3.10（b）。其中，沙垄东坡表层水分含量低于垄间低地和垄顶，这是由于受太阳辐射和坡向的影响，东坡（阴坡）积雪融化量小且冻土上界下移相对滞后所致。3月14日气温回升到0℃以上，沙垄顶部受侧渗和蒸发的影响，表层土壤水分下降至8.8%。而垄间由于冻土层已下移到30~40cm的深度，土壤水分开始向中层迁移。此时，沙垄东坡积雪消融完毕，表层土壤水分达到最高值（坡上部为18.22%，坡中下部为17.97%）。由于昼夜温差在10℃以上，表层土白天消融而夜晚冻结。由初始水形成的冰或融水的再结冰，降低了土壤的有效孔隙度，缺乏大孔隙的饱和冻土被认为是不可渗透的。因此，坡地土壤水在产生下渗的同时，也在坡面重力的作用下向垄间低地运移。截至3月下旬，沙垄顶部无水分补给条件，坡面上部土壤水分输出大于输入，缓坡下部输入大于输出，垄间则以坡面汇集和垂直下渗为主，形成了1m土层以垄间最高、坡地次之、垄顶最低的空间分布格局，见图3.10（d）、图3.10（e）。Yair等人在对以色列Negev沙漠纵向沙丘研究中也发现了类似现象。可见，积雪的短期融化、冻融过程的交替进行及坡面重力作用是沙丘土壤水分产生分异的重要因素。已有研究发现，该区域植物及生物结皮等的分布对沙丘部位有着明显的选择性，应该与这种水分条件的差异性分布密切相关。2005年4月中上旬有7mm的降水，但日均温已上升到10℃以上，蒸发损耗大于降水补给，观测到沙垄各部位上层和中层土壤水分均有所下降，见图3.10（f），但1m深土层含水量仍以垄间最高、坡地次之、垄顶最低。5月土壤水分进入强损耗期，是由于短命植物的广泛存在大量消耗了上、中层土

壤水分。6月中旬，沙垄各部位土壤水分趋于一致，无明显的空间变化，见图3.10（h）。

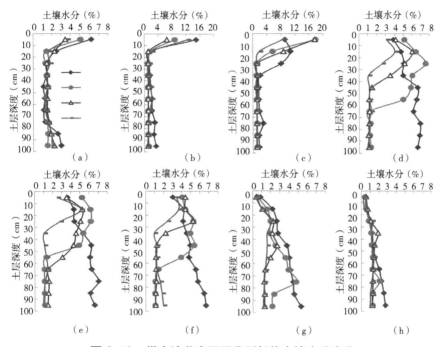

图 3.10 纵向沙垄春夏季典型部位土壤水分变化

将沙垄不同部位1m土层（不包括积雪）蓄水量进行对比（图3.11），就不难发现沙丘土壤水分的空间分异规律。2005年3月1日，垄顶部、东坡中上部、东坡中下部和垄间低地1m土层蓄水量依次为32.1mm、32.4mm、37.7mm和36.3mm，差异并不显著；到3月9日，以上各部位依次为40.8mm、25.0mm、28.5mm和52.0mm，垄间低地已出现明显优势，而坡地土壤水分有流失迹象；截至3月20日不同部位土壤水分差异达到最大，其中垄间低地蓄水量上升到89.3mm，是垄顶部的3.2倍，坡下部为62.3mm，也显著高于坡上部的39.3mm；此后这种差异性开始渐次缩小，到6月中旬以后趋于稳定。

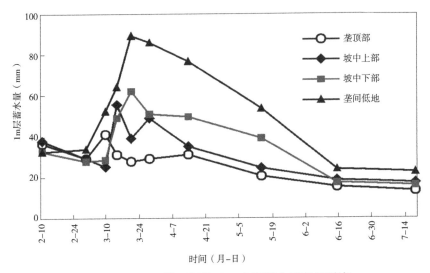

图 3.11　不同沙丘部位 1m 土层蓄水量变化对比

3.3　小结

①古尔班通古特沙漠属于我国稳定积雪地区，冬季普遍存在一层 20~30cm 厚的雪盖，可为土壤提供重要的短期热通量、水和化学物质。尤为重要的是，该区域冬季降雪可占到全年降水量的 15%~25%，并在几天内以融水形式释放补给土壤，使得春季成为全年土壤水分最好的季节。可见，冬季稳定积雪的存在是这个特殊环境中的重要事件，直接影响该沙漠土壤水分的时间变化。良好的水分条件与转暖的气温同步，是古尔班通古特沙漠早春植物广泛发育的关键所在。

②该沙漠土壤水分在个体沙垄表面有明显的空间分异，是通过地形对物质和能量的再分配作用实现的。由于冬季积雪在早春时节的短期集中消融，加上隔水层（冻土层）的存在和下移，使得土壤水分在垂直入渗的同时，也存在顺坡而下的侧向运动，使沙垄土壤水分在春季和夏初

形成了以垄间最高、坡部次之、垄顶最少的空间分布格局。

③根据古尔班通古特沙漠土壤水分的时空分布特点，应抓住有利时机适时造林、因地造林。造林时间过早，土壤冻层消融深度不够，幼苗扎根不适，不利于成活；造林时间过晚，冻层消失，土壤水分下渗，加上表面蒸发，无法达到提高造林成活率的目的。在沙垄上进行植被恢复建设时，应根据所处部位，选择适宜的植物种和造林密度，以保证植株成活和生长所需水量。

4 无灌溉造林树种选择及特征

4.1 无灌溉造林树种选择

无灌溉造林是解决干旱和半干旱地区植被恢复的有效途径，已成为全球荒漠化防治与生态恢复的重要手段之一。在全球气候变化和水资源日益紧张的形势下，如何在不依赖灌溉水源的情况下实现有效的植被恢复，成为研究的热点课题。而选择适应性强、抗旱耐逆且能在极端气候条件下生长的树种，是无灌溉造林的核心问题之一。

无灌溉造林树种的选择依据主要包括抗旱性、耐盐性、生态修复功能和经济价值等多个因素（朱玉伟，2009）。其中，抗旱性是无灌溉造林树种最为关键的特征之一，树种的水分利用效率、根系深度及其对极端干旱的耐受性，决定了其在干旱地区的生存和生长能力（蒋笑丽，2018）。此外，耐盐性和土壤适应性也是筛选树种的重要考虑因素，尤其是在盐碱地等不良土壤条件下，树种能否承受盐碱胁迫直接影响其生长和生态功能。与此同时，树种的生态修复功能，如防风固沙、改善土壤质量和促进生物多样性等，也是无灌溉造林树种选择的重要标准。综合考虑这些因素，选择合适的无灌溉造林树种是提高生态恢复成功率的关键。

4.1.1 抗旱性与耐盐性

抗旱性和耐盐性是植物适应极端环境的重要生态特征，在沙漠和干旱地区，它们成了植被选择和生态恢复的关键因素。抗旱性是指植物在干旱环境下能够有效调节水分利用、维持生理活动和生长发育的能力。这一能力体现植物在水分不足的条件下，通过生理调节（如闭合气孔、降低蒸腾作用）以及形态适应（如根系发达、叶片结构特殊）来减少水分损失并提高水分利用效率（刘巧玲，2022）。耐盐性是指植物在盐碱化土壤中能够有效抵御盐分的负面影响，保持正常的生长发育。耐盐性强的植物通过一系列机制应对土壤盐分的毒害，例如通过根系吸收并隔离盐分、通过气孔调节减少盐分积累或通过积累渗透物质来保持细胞内外的离子平衡（王康君，2018）。

沙漠和干旱地区普遍存在水资源匮乏和土壤盐碱化的双重压力，这既限制了水分的供应，又使得土壤盐分过高，导致许多植物在这些地区难以生长。因此，选择抗旱性和耐盐性优良的树种进行无灌溉造林至关重要。这类树种不仅能够有效适应干旱环境和盐碱化土壤，还能在水资源短缺和盐分压力下存活并继续生长，从而促进沙漠生态系统的恢复与稳定。此外，这些植物还能够改良土壤结构，提升土壤质量，进一步推动生态系统的自我修复功能，为沙漠地区的生态重建提供有效支持。

选择有较抗旱性和耐盐性强的树种，能够实现无灌溉造林的目标，减少对水资源的依赖，降低植被恢复过程中的人工干预成本，这对沙漠化防治具有重要意义。通过合理选择这些树种，能够在盐碱土壤和极端干旱环境下实现生态系统的稳定性和可持续性，为生态恢复工程提供理论依据和实践指导。所以，抗旱性和耐盐性既是沙漠地区植被恢复的核心指标，也是推动生态修复工作成功实施的重要保障。

4.1.1.1 抗旱性

抗旱性是植物适应干旱环境的重要生态功能，指的是植物能够在长期水分匮乏的条件下，通过一系列生理、形态和生态机制维持生长和繁殖的能力。在干旱环境中，植物不仅面临着降水量少、蒸发强烈等自然因素的挑战，还需要有效地利用有限的水资源以保证生长和发育。因此，具有较强抗旱性的树种常常具备一系列适应性特征，以增强其在水分匮乏条件下的生存能力。

深根系统：深根系统使植物能够深入地下，利用地下水源，这对于干旱环境尤为重要。在降水稀缺的季节，地下水成为植物生长的主要水源。许多沙漠植物，特别是抗旱性强的树种，如梭梭（*Haloxylon ammodendron*）和沙拐枣等，具有发达的根系，可以深入地下 30m 甚至更深，进而在干旱季节保障植物的水分供应。借助深根系统，植物能够有效防止表层土壤水分蒸发散失，从而在长时间的干旱期内保持较为稳定的水分供给。

水分储存能力：许多抗旱植物可通过在根系或植物组织中储存水分，确保在短期干旱或水分短缺的环境中仍能维持基本的生理活动。沙漠植物如梭梭和白梭梭（*Haloxylon persicum*）的根系具有较强的水分储存能力，能够在降水时吸收并储存水分，这些水分将成为植物在干旱期间的"生命线"。此外，某些植物组织中还含有高比例的水分储存组织（如薄壁细胞），依靠这些机制使植物能在短期缺水环境下继续生长。

减少蒸腾作用：植物气孔的开放与蒸腾作用是调节水分流失的关键因素。抗旱性强的树种通常具备能够减少水分蒸发的机制，例如通过调节气孔开放程度或增加叶片表面厚度来减少水分流失。梭梭的叶片小且厚，气孔密度和开放度较低，这有助于减少其水分蒸发。而且，一些植物在干旱期会通过关闭气孔或减少叶面积来进一步减少水分蒸发，从而有效避免水分过度流失。

调节水分使用效率：植物的水分利用效率是指单位水分消耗所产生的生物量。抗旱植物在水资源有限时，可通过调节根系对水分的吸收和气孔对水分的利用，实现水分使用效率的最大化。例如，梭梭在气孔关闭时，能够改变代谢路径减少水分消耗。其根系和叶片的结构调整使植物在水分匮乏下，能更好地利用有限的水资源，以提高生长速率并维持生理活动。

梭梭（*Haloxylon ammodendron*）作为沙漠中常见的耐旱树种，凭借其发达的根系、较强的水分储存能力、叶片的蒸腾调节机制以及高效的水分利用方式，在干旱条件下呈现出强大的适应性。研究表明，梭梭能在沙漠环境中借助深根系统有效吸取地下水源，并且其叶片的小型化和厚实性有效减少了水分蒸发。此外，梭梭还能通过调节气孔开放度和根系分布，进一步优化水分利用效率，这使其在干旱环境中的生存和生长优势得以增强（单立山，2013）。

4.1.1.2　耐盐性

耐盐性是植物在高盐环境中生长的能力，尤其在盐碱化土壤较为普遍的沙漠及干旱地区，盐分过高是限制植物生长的主要因素。植物的耐盐性决定其能否在这样的土壤条件下生长、存活并维持正常生理功能。盐碱土壤中盐分高，会使植物经气孔吸收过多的盐分，影响植物的渗透平衡和营养吸收，最终导致植物的生长受阻。具有较强耐盐性的树种，能够在高盐环境中有效生长，其主要机制包括盐分隔离与排斥、盐分储存以及渗透调节等。

（1）盐分隔离和排斥机制。

耐盐性强的树种多通过根系隔离或排斥盐分，防止盐分进入植物体内的关键组织。具体来说，根系能够通过分泌有机物质（如有机酸）或通过根系的选择性吸收机制，阻止盐分进入植物的运输系统，从而减少盐分对植物生长的影响。此外，根系也会在土壤中形成屏障，降低盐分向植物体内的转运和积累。这一机制对于沙漠和盐碱地区的植物至关重要，能够保证植物在高盐环境中有效生长。

（2）盐分储存能力。

耐盐性强的植物常能够将吸收的盐分有效储存在根部或细胞液中，避免盐分在植物体内积累并损害植物组织。通过这种方式，植物能够在高盐土壤中生长，并通过根系将盐分储存在较低的浓度下，避免盐分对植物的毒害作用。例如，部分沙漠植物能够通过根系对盐分的选择性吸收，将其集中储存于根系中，不让其进入地上部分，以维持正常生长。

（3）渗透调节。

渗透调节是植物调整体内渗透压应对外界盐分影响的过程。植物在盐碱土壤中生长时，通常会通过合成渗透调节物质，如脯氨酸、甘油等，来提高体内的渗透压，保持水分的平衡，并减少盐分对植物细胞的负面作用。该机制对于植物在盐碱化环境中的适应尤为重要，能够有效减少盐胁迫对植物细胞的损伤。研究表明，沙漠植物通过渗透调节物质的积累，增强了其在盐碱环境下的生存能力，有助于提高植物的生理稳定性（王佺珍，2017）。

（4）白梭梭（*Haloxylon persicum*）的耐盐机制。

白梭梭（*Haloxylon persicum*）作为一种在盐碱土壤中具有极强耐盐性的树种，是沙漠地区生态恢复的重要植物之一。研究表明，白梭梭通过根系有效吸收并储存盐分，从而避免盐分对其生长的抑制。具体而言，白梭梭的根系能够在盐碱环境中有效地吸收盐分，并将其储存在根部，这样盐分不会进入植物的地上部分，避免了盐分对叶片和茎部的毒害作用（毛爽，2013）。此外，白梭梭的叶片表面具备独特的结构，如表皮细胞的厚度和蜡质层，这有助于减少水分和盐分的渗透，并有效控制盐分对植物体内水分和养分的影响。其根系和叶片的生理结构，使得白梭梭在盐碱土壤中能够维持较高的生长速率，并能在沙漠地区的恶劣环境中稳定生长。

4.1.2 生态修复功能

生态修复功能是树种在植被恢复过程中通过其生物学特性与生态功能，促进环境的恢复和稳定。在干旱和半干旱地区，生态修复功能显得尤为重要，因为这些地区往往面临土壤贫瘠、水资源匮乏和生物多样性下降等问题。无灌溉造林树种的生态修复功能不仅仅限于其自身生长的适应性，还包括对整个生态系统的修复作用。这些树种通过多种生态机制提升环境质量，增强生态系统的可持续性。

4.1.2.1 防风固沙功能

在沙漠化和荒漠化地区，防风固沙是最为迫切的生态修复需求之一。风沙的侵蚀不仅威胁人类生活，还加剧土壤退化和植物生长的困难。树种的防风固沙功能主要表现在两个方面：一是根系固定土壤，二是枝叶的风障作用减少风沙侵蚀。具有强大根系的树种，如梭梭（*Haloxylon ammodendron*）、白梭梭（*Haloxylon persicum*）和沙拐枣，能够在沙漠和盐碱土壤中扎根，防止沙土流失。特别是梭梭，作为沙漠地区重要的固沙植物之一，具有极强的根系分布，其根系能深入地下2~3m，有效固定沙土，阻止沙丘的移动和沙漠化的加剧。同时，这些树种的冠层对风力的减缓作用明显，有助于降低沙尘暴的频率和强度，减少沙土进一步扩展。

研究表明，白梭梭具有与梭梭类似的防风固沙能力，其在干旱和风沙环境中的生态适应性使其成为沙漠化地区理想造林树种。沙拐枣虽主要以果实和经济价值闻名，但独特的根系结构和坚韧的生长特性使其在防风固沙方面表现出色，尤其在改善干旱地区土壤结构和减少风沙侵袭方面具有独特优势（马靖，2024）。

4.1.2.2 改善土壤结构与促进水分保持

干旱和盐碱地区的土壤通常缺乏有机物质，且因水分蒸发，土壤的水分保持能力较差。无灌溉造林树种通过根系的渗透和分泌作用改善土壤结构，增强土壤的水分保持能力。树种的根系通过促进土壤颗粒的聚集和形成土壤团粒结构，从而提高土壤的通气性、渗水性和保水性。此外，树种的根系能在地下形成微型生态环境，增强土壤的水分吸收和保持能力。梭梭和白梭梭的根系在沙漠环境中能够形成稳定的地下水系统，增加土壤的水分保有量。

根据相关研究，梭梭不仅在固沙方面具有重要作用，它的根系还能促进土壤有机质的积累，改善土壤结构（席军强，2015）。白梭梭通过深根系统能够有效渗透到地下水层，提高土壤的水分保持能力（田起隆，2020）。沙拐枣的根系能够穿透沙层，改善土壤结构和肥力。通过这些生态机制，梭梭、白梭梭和沙拐枣能显著改善干旱地区的土壤质量，为生态恢复创造更好的环境条件。

4.1.2.3 促进生物多样性

在干旱和半干旱地区，植被覆盖度低、生物种类单一，生态系统生物多样性较为贫乏。无灌溉造林树种通过提供栖息地和食物来源，能有效促进这些地区的生物多样性。梭梭、白梭梭和沙拐枣的生态功能不仅限于改善物理环境，还通过为动植物提供栖息地、食物和栖息资源，促进生态系统的物种多样性。研究发现，梭梭的植被覆盖能为沙漠地区小型动物提供栖息地，尤其是一些耐干旱的昆虫和小型哺乳动物。白梭梭因营养成分丰富、生长季节较长，成为许多鸟类和昆虫的食物来源，进一步增强了该地区的生物多样性（于丹丹，2010）。

沙拐枣的果实是众多动物的重要食物来源，尤其是一些鸟类和小型哺乳动物对其果实有着高度的依赖。通过这种生物链的形成，沙拐枣在维持生物多样性方面发挥关键作用。此外，树种的根系能为微生物提供生长环境，这些微生物对土壤的氮循环和其他生物过程有重要影响，进一步促进了土壤生物的多样性。

4.1.2.4 改善大气环境与减少温室气体排放

植树造林，尤其是在干旱和半干旱地区，能够显著改善大气环境，减少温室气体的排放。通过光合作用，树木能够吸收二氧化碳并释放氧气，对减缓气候变化具有重要作用。梭梭、白梭梭和沙拐枣在这些地区的生长，不仅能够提高植物的碳汇效应，还能通过其生态修复功能改善环境质量。研究显示，梭梭在沙漠和盐碱土壤中通过较高的碳固定能力，已成为该地区生态恢复的重要树种（刘慧霞，2021）。

此外，树木的根系分泌物有助于改善土壤肥力，减少农药和化肥使用，从而减少农业活动中的温室气体排放。通过这些多重机制，梭梭、白梭梭和沙拐枣不仅能为当地生态恢复提供支持，还能为全球气候变化的应对做出贡献。

4.1.3 生物多样性与环境适应性

树种的生物多样性与环境适应性是其在生态系统中发挥关键作用的基础。具备较强环境适应性的树种能够在多变的气候条件下生长繁茂，为其他动植物提供栖息地，促进生态系统的稳定与多样性。在干旱和半干旱地区，选择适应性强的树种尤为重要，因为这些地区的生态环境复杂多变，树种的适应性直接影响生态恢复的效果。

4.1.3.1 环境适应性对树种生长的影响

树种的环境适应性决定了其在特定生态条件下的生长表现。适应性强的树种能够在水分、温度、土壤类型等方面的变化中保持稳定的生长状态。林木树种的环境适应性与其生长发育密切相关，适应性强的树种在不同气候条件下表现出更好的生长势头。

4.1.3.2　生物多样性对生态系统功能的促进作用

生物多样性构成生态系统功能的基础。多样化的植物种类能够通过不同的生态功能相互作用，增强生态系统的稳定性与生产力。在干旱地区，植被多样性对水分利用效率和土壤养分循环具有重要影响。

4.1.3.3　树种适应性与生态系统稳定性的关系

树种的适应性直接关系到生态系统的稳定性。适应性强的树种能够在环境变化与干扰下维持生态系统的功能和结构。

4.1.3.4　适应性强的树种对生态系统服务功能的贡献

适应性强的树种在提供生态系统服务功能方面具有重要作用。它们能够有效地调节水文循环、改善土壤质量、促进碳固定等。在干旱地区，适应性强的树种通过其深根系统和生理特性，可有效地利用地下水资源，维持生态系统的水分平衡。

4.1.4　经济与社会效益

在选择无灌溉造林树种时，除了考虑其生态修复功能外，树种的经济价值和社会效益同样不容忽视。具备经济价值的树种不仅能为当地社区提供直接的经济收益，还能促进区域经济发展，增强社会稳定性。所以，应将树种的经济与社会效益作为选择标准之一，以确保造林项目的可持续性和长期效益。

4.1.4.1　经济价值的多维度考量

在干旱和半干旱地区，选择适宜当地气候条件的树种进行无灌溉造林，不仅能够有效利用有限的水资源，还能提供可持续的经济收益。树种的经济价值主要体现在木材、果实、药用成分等方面。

据生态环境部报告，干旱地区具有独特的物种多样性特征，特有属和特有种丰富。不完全统计显示，世界干旱和半干旱地区至少有20000种具有经济价值的植物资源。

4.1.4.2　社会效益的综合影响

树种的社会效益涵盖改善生活环境、提供就业机会、促进文化传承等。在干旱地区，适宜的树种能够改善生态环境，提升居民生活质量。例如，梭梭和白梭梭在防风固沙、改善土壤质量方面具有重要作用，有助于恢复生态平衡，保障农业生产。而且，这些树种的种植和管理可为当地居民提供就业机会，推动社会经济发展。

4.1.4.3　经济与生态的协同效应

选择具有经济价值的树种进行无灌溉造林，不仅能提供直接的经济收益，还能通过生态功能提升土地生产力，间接促进农业和其他产业的发展。例如，沙拐枣具有较强的耐旱性和抗盐碱性，其果实可作为食品或药材，木材可用于建筑和家具制造。此外，沙拐枣根系发达，有助于固沙防风，改善土壤结构，提升土地的农业生产潜力。

4.1.4.4　政策支持与市场需求

国家和地方政府对无灌溉造林项目的支持政策，以及市场对相关产品的需求，直接影响树种选择的经济效益。例如，国家的退耕还林还草工程支持政策，为适宜的树种提供了良好的发展机遇。同时，市场对生态产品的需求增加，为具有经济价值的树种提供了广阔的市场空间。

4.1.5　无灌溉造林树种推荐

梭梭、白梭梭及沙拐枣适应干旱的能力很强，是荒漠地区防风固沙和维护生态安全不可多得的优良树种。这里我们选用梭梭、白梭梭及沙拐枣等作为免灌溉种植的植物种。

4.1.5.1 梭梭、白梭梭及沙拐枣的分布状况

梭梭（*Haloxyon ammodendron*）主要分布在古尔班通古特沙漠的周边荒漠地区，分布很广，面积很大。

白梭梭（*Haloxyon persicum*）主要分布在该沙漠的中部及沙垄上部，为沙漠地区造林及古尔班通古特沙漠地区代表性物种。为超旱生小乔木，具有根系发达、耐高温、耐严寒、适应干旱的特点，其适应性强、生长稳定的特性可形成良好的灌木－草本群落，在防风固沙、增加生物多样性以及恢复、重建、稳定生态系统方面有重要作用。

沙拐枣对流沙、风蚀戈壁有较强的适应性，生长迅速，固沙性能良好，繁殖容易，有一定经济用途，是我国西北干旱、缺水地区固定流沙、绿化戈壁的优良树种。

通过对古尔班通古特沙漠由北至南的 8 个观测点（1 为北，8 为南）实行定位观测和实验对比分析，探讨白梭梭种群及其伴生种的植物种间关系及植被空间分布格局特点，为构建适合当地的更为合理的植被群落探寻理论参考，并且为该沙漠人工植被的建立、人工林的经营管理以及荒漠生态系统的恢复和重建提供理论依据。

4.1.5.2 梭梭的优势

梭梭广泛分布于中国西北部的干旱和半干旱地区，尤其是在沙漠和沙丘地带。其深根系使其能够深入地下获取水分，适应极端干旱条件。此外，梭梭的叶片小且厚，气孔密度低，有效减少水分蒸发，增强其抗旱能力。在盐碱土壤中，梭梭通过根系调节盐分吸收，避免盐分对植物生长的负面影响。其根系还能够改善土壤结构，增加土壤有机质含量，提升土壤的持水能力。这些特性使梭梭在沙漠化防治和生态恢复中发挥重要作用。

4.1.5.3　白梭梭的优势

白梭梭主要分布在中亚、西亚和中国西北地区的干旱和半干旱沙漠环境中。其根系发达，能够深入地下获取水分，增强其抗旱性。白梭梭的叶片表面具有厚实的角质层和蜡质层，有效减少水分蒸发，增强其耐旱能力。在盐碱土壤中，白梭梭通过根系调节盐分吸收，避免盐分对植物生长的负面影响。其根系能够改善土壤结构，增加土壤有机质含量，提升土壤的持水能力。这些特性使白梭梭在沙漠化防治和生态恢复中发挥重要作用。

4.1.5.4　沙拐枣的优势

沙拐枣广泛分布于干旱和半干旱地区，尤其是在中东、非洲以及中国的一些沙漠地区。其根系发达，能够深入地下获取水分，增强其抗旱性。沙拐枣的叶片表面具有厚实的角质层和蜡质层，有效减少水分蒸发，增强其耐旱能力。在盐碱土壤中，沙拐枣通过根系调节盐分吸收，避免盐分对植物生长的负面影响。其根系能够改善土壤结构，增加土壤有机质含量，提升土壤的持水能力。此外，沙拐枣的果实富含营养，可供食用或加工成多种产品，满足市场需求，增加农民收入；其木材坚硬耐用，可用于建筑、家具等领域，进一步提升经济效益，这些经济价值为当地居民提供了经济收益，是经济与生态效益兼备的优良树种。

4.1.5.5　综合评价

梭梭、白梭梭和沙拐枣作为无灌溉造林树种，各具优势。梭梭和白梭梭在抗旱和耐盐方面表现突出，能够有效促进生态恢复。沙拐枣除了具备抗旱和耐盐性外，其果实和木材的经济价值也为当地居民提供了经济收益。因此，在干旱和盐碱地区的造林项目中，选择这些树种能够实现生态与经济效益的双赢。

4.2 造林树种特征

4.2.1 梭梭的生理与生态特征

梭梭（*Haloxylon ammodendron*）为藜科（Chenopodiaceae）落叶小乔木，有时呈灌木状，高 1~4m。树皮灰白色。干形扭曲，枝对生，有关节，小枝纤细，绿色，直伸。鳞片近三角状，内面有毛，对生，可作为与白梭梭的区别特征。种子黑褐色。梭梭具有二次休眠的特性，4—5月开花后子房处于夏眠，到 10 月底种子才发育成熟，随即又进入冬眠。分布于内蒙古、新疆、甘肃、青海等地。优良薪炭材，珍贵药材肉苁蓉的寄主。梭梭抗旱能力非常强，最显著的特征是，叶子退化为极小的鳞片状，仅用当年同化枝进行正常的光合作用。在炎热的夏季，部分同化枝脱落，以减少蒸腾面积。梭梭的主根很长，可以伸达 5m 以下，侧根也非常发达，长达 5~10m。梭梭根系往往分为两层，上层侧根分布于地表 40~100cm 的范围内，可以充分吸收春季土壤上层的不稳定水；下层侧根则一般分布于 2~3m。以充分利用沙漠里的悬着水。梭梭能够忍耐的最高气温可达到 45℃，最低温度为 –40℃，而忍耐的地表温度则达到 60~80℃。天然的梭梭生长在海拔 450~1500m 的广大山麓洪积扇和淤积平原，固定沙丘、沙地、沙砾质荒漠，轻度盐碱土荒漠。梭梭是西北干旱荒漠地区适应性强，生长迅速，枝条稠密，根系发达，防风固沙能力强的优良树种，也是良好的饲用植物。木材坚实，为优良燃料。营造梭梭林对于防风固沙，改造沙区气候，保障生态环境的稳定具有重要的意义。

4.2.1.1 梭梭蒸腾速率日变化进程

生长初期（4—5 月下旬）与生长后期（8 月下旬至 10 月），2 龄、3 龄、4 龄梭梭的日蒸腾曲线皆为典型的单峰曲线，日蒸腾极大值出现于 16 时（其中，10 月梭梭日蒸腾极值出现于 14 时）。

7 月 19—21 日 50.7mm 的降水把 6—8 月中旬分为高温干燥与高温较湿润两个时间段。6 月中旬至 7 月中旬，土壤水分因地表蒸发散消耗而降低，2 龄、3 龄和 4 龄群落区 0~200cm 土层中最湿润土层的含水量分别降到 1.83%、1.22% 和 0.94%，梭梭蒸腾速率日变化进程是炎夏干旱少雨情景的代表。2 龄、3 龄、4 龄梭梭日蒸腾速率为单峰或不典型的双峰曲线，2 龄梭梭与 4 龄梭梭日蒸腾最大峰值出现于 12—14 时，然后持续下降，下午的第二峰值不明显，而 3 龄梭梭在 14 时、18 时出现蒸腾速率峰值。

7 月 19—21 日降水补给之后，土壤水分增加。7 月下旬至 8 月下旬 2 龄、3 龄和 4 龄群落区 0~200cm 土层的平均含水量最低值分别为 2.44%、1.83% 和 2.12%。2 龄、3 龄、4 龄梭梭日蒸腾曲线比较接近，基本呈双峰曲线，蒸腾速率峰值分别出现在 14 时和 18 时左右，随着年龄的增加峰谷愈明显。此时的梭梭蒸腾速率日变化进程是炎夏土壤水分较优越情景的代表。

4.2.1.2　梭梭蒸腾速率的月变化

2 龄、3 龄、4 龄梭梭 4—6 月初蒸腾速率是日渐升高的，不同年龄差异不明显；6 月中旬至 7 月中旬高温干燥时段，不同年龄梭梭蒸腾速率排序是 3 龄 > 2 龄 > 4 龄；7 月下旬—8 月中旬高温较湿润阶段，不同年龄梭梭蒸腾速率排序是 3 龄、2 龄 > 4 龄，2 龄、3 龄梭梭处于高蒸腾阶段，二者差异不明显，而 4 龄梭梭蒸腾速率相对较小；8 月下旬至 10 月，2 龄、3 龄、4 龄梭梭蒸腾速率是逐渐降低。随着年龄增加，梭梭蒸腾速率呈降低趋势（图 4.1）。

4.2.1.3　单株梭梭同化枝表面积

2 龄与 3 龄梭梭的叶面积年增长曲线为单峰型，峰值出现于 8—9

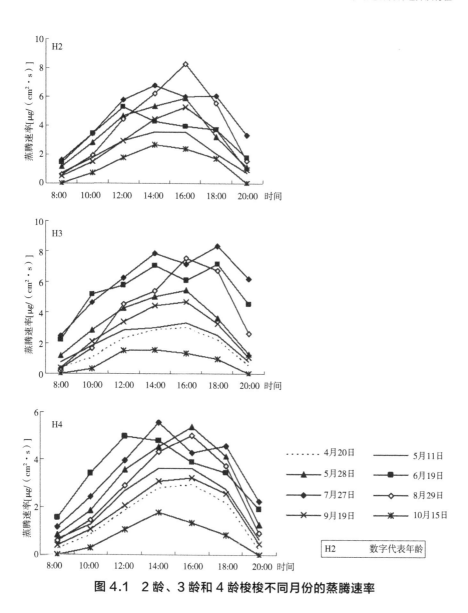

图 4.1 2 龄、3 龄和 4 龄梭梭不同月份的蒸腾速率

月，而 4 龄梭梭的叶面积年增长曲线为双峰型，峰值分别出现于 6 月与 8—9 月（表 4.1）。2 龄与 3 龄梭梭叶片 4 月增长缓慢，5—6 月增长迅速，7 月增长变缓，8 月增长加快，8—9 月叶面积达年最大值。其中，2 龄梭梭平均叶面积分别为 1485.8cm²，3 龄梭梭平均叶面积分别为 5797.3cm^2。4 龄梭梭 4 月增长缓慢，5 月增长迅速，6—7 月部分同化枝脱落，叶面积减小，8 月叶面积略有增加。其中，6 月初叶面积为 1958.9cm^2，为全年最大值，8 月中下旬为全年的第 2 个最大值，为 965.3cm^2。2 龄、3 龄、4 龄梭梭 9—10 月部分同化枝脱落，叶面积减小，10 月中下旬完成生命周期。

表 4.1　不同月份 2 龄到 4 龄单株梭梭同化枝表面积　　　cm^2

日期（月.日）	4.18	5.10	5.30	6.20	7.23	8.28	9.18	10.13
2 龄梭梭	0.0	28.9	123.9	451.4	756.5	1485.8	1128.2	1014.1
3 龄梭梭	249.9	756.8	2104.7	4303.4	4635.8	5797.3	4374.3	1943.6
4 龄梭梭	249.0	886.1	1958.9	1741.8	931.0	965.3	346.8	123.2

4.2.1.4　梭梭日蒸腾耗水量

单株梭梭的日耗水量以 3 龄为最高，7 月以前 4 龄梭梭高于 2 龄梭梭，7 月以后，2 龄梭梭高于 4 龄梭梭。从日蒸腾耗水量季节变化来看，梭梭日蒸腾耗水量随年龄变化而变化，2 龄、3 龄梭梭年内日蒸腾耗水量呈单峰曲线，最高值出现在 8 月下旬，而 4 龄梭梭的日蒸腾耗水量年内日蒸腾耗水量呈双峰曲线，日蒸腾耗水量年内最高值分别出现在 6 月上中旬和 8 月下旬（图 4.2）。如果没有 7 月 20 日 45.8mm 降水，2 龄、3 龄梭梭蒸腾耗水量最高值将提前到 7 月，4 龄梭梭 8 月下旬的日蒸腾耗水第 2 峰值也将消失。

4.2.2　沙拐枣的生理与生态特征

沙拐枣为蓼科小乔木或灌木或半灌木，多分枝，花期 4—5 月，果期 5—6 月，生长迅速，适应性强，主要分布在内蒙古、甘肃、青海、宁夏和新疆等地。我国有 25 种，其中新疆最多，有 22 种。沙拐枣是新

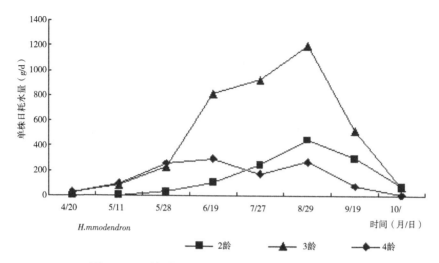

图 4.2　2 龄到 4 龄单株梭梭不同月份的日耗水量

疆荒漠植被中重要的建群种之一，又是防风固沙的优良植物，干、鲜幼枝是骆驼、羊和其他食草野生动物的良好饲料。但是沙拐枣对干旱和盐碱的抗逆性不如梭梭和白梭梭，当干旱严重或大气高温持续时，大量的同化枝脱落，以减少植物的失水面积。适宜用于沙漠绿化的沙拐枣属植物有很多种一般我们主要使用的是头状沙拐枣和乔木状沙拐枣，而乡土种白皮沙拐枣由于其生长缓慢，一般弃置不用。而头状沙拐枣和乔木状沙拐枣在沙漠中的生长和抗逆表现基本相同，所以在进行沙漠绿化时，并未加以区分。

4.2.2.1　沙拐枣蒸腾速率日变化进程

生长初期（4 月至 5 月下旬）与生长后期（8 月下旬至 10 月），2 龄、3 龄、4 龄头状沙拐枣的日蒸腾曲线皆为典型的单峰曲线，日蒸腾极大值出现于 16 时前后。

6 月中旬至 7 月中旬，头状沙拐枣蒸腾速率日变化进程是炎夏干旱少雨情景的代表。2 龄、3 龄、4 龄头状沙拐枣日蒸腾速率均为双峰曲线，其中，2 龄、3 龄头状沙拐枣日蒸腾最大峰值出现于 14 时、18 时，而 4

龄头状沙拐枣日蒸腾最大峰值出现于 12 时、18 时。

7 月下旬至 8 月下旬，头状沙拐枣蒸腾速率日变化进程是炎夏土壤水分较优越情景的代表。2 龄、3 龄头状沙拐枣日蒸腾曲线比较接近，基本呈单峰曲线，峰值出现于 18 时左右，而 4 龄头状沙拐枣日蒸腾速率为双峰曲线，蒸腾速率峰值分别出现在 12 时和 18 时左右。

4.2.2.2　沙拐枣蒸腾速率的月变化

2 龄、3 龄、4 龄头状沙拐枣 4—6 月初蒸腾速率是日渐升高的，不同年龄差异不明显；6 月中旬至 7 月中旬高温干燥时段，不同年龄头状沙拐枣蒸腾速率排序是 2 龄、3 龄 > 4 龄，2 龄、3 龄头状沙拐枣蒸腾速率差异不明显，蒸腾速率较高；7 月下旬至 8 月中旬高温较湿润阶段，2 龄、3 龄头状沙拐枣蒸腾速率较高，而 4 龄头状沙拐枣蒸腾速率相对较小，2 龄、3 龄头状沙拐枣蒸腾速率差异不明显；8 月下旬至 10 月，2 龄、3 龄、4 龄头状沙拐枣蒸腾速率是逐渐降低，且有随着年龄增加，头状沙拐枣蒸腾速率呈降低的趋势（图 4.3）。

4.2.2.3　单株头状沙拐枣同化枝表面积

2 龄与 3 龄头状沙拐枣的叶面积年增长曲线为单峰型，峰值出现于 9 月，而 4 龄头状沙拐枣的叶面积年增长曲线为双峰型，峰值分别出现于 6 月与 8 月（表 4.2）。2 龄与 3 龄头状沙拐枣叶片 4 月增长缓慢，5—6 月增长迅速，7 月增长变缓，8 月增长加快，8—9 月叶面积达年最大值。其中，2 龄、3 龄头状沙拐枣平均年内最大叶面积分别为 3078.49cm^2、14901.51cm^2。4 龄头状沙拐枣 4 月增长缓慢，5 月增长迅速，6—7 月部分同化枝脱落，叶面积减小，8 月叶面积略有增加；其中，6 月初叶面积为 7662.69cm^2，为全年最大值，8 月中下旬出现年内第 2 个最大值，为 6800.30cm^2。2 龄、3 龄、4 龄头状沙拐枣 9—10 月部分同化枝脱落，叶面积减小，10 月中下旬完成生命周期。

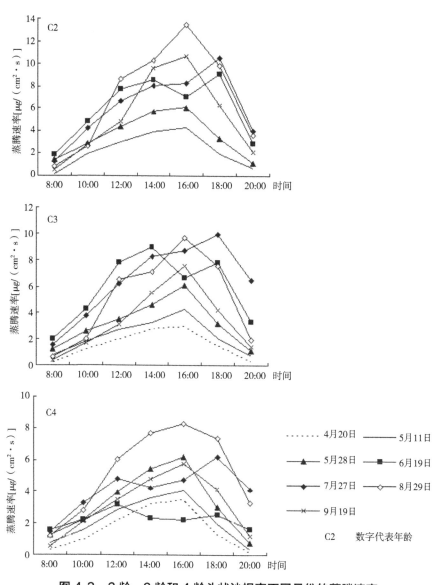

图4.3 2龄、3龄和4龄头状沙拐枣不同月份的蒸腾速率

4.2.2.4 沙拐枣日蒸腾耗水量

4月、5月因4龄头状沙拐枣的叶面积较大，4龄头状沙拐枣高于3龄头状沙拐枣，6月以后，3龄头状沙拐枣高于4龄头状沙拐枣。不同年龄单株头状沙拐枣的日耗水量高低排序大体是：3 龄 >4 龄 >2 龄。

表 4.2　不同月份 2 龄到 4 龄单株头状沙拐枣同化枝表面积　　cm²

日期（月.日）	4.18	5.10	5.30	6.20	7.25	8.28	9.18	10.13
2 龄头状沙拐枣	0.00	13.5	141.3	602.4	1202.1	2865.8	3078.5	0.00
3 龄头状沙拐枣	118.8	1021.4	2923.7	7103.8	8868.0	12159.0	14901.5	0.00
4 龄头状沙拐枣	258.7	1577.6	4852.2	7662.7	4439.2	6800.3	5511.5	0.00

从日蒸腾耗水量季节变化来看，头状沙拐枣日蒸腾耗水量随年龄变化而变化，2 龄、3 龄头状沙拐枣年内日蒸腾耗水量呈单峰曲线，最高值出现在 8 月下旬，而 4 龄头状沙拐枣的日蒸腾耗水量年内日蒸腾耗水量呈双峰曲线，日蒸腾耗水量年内最高值分别出现在 6 月上中旬和 8 月下旬。如果没有 7 月 19—21 日 50.7mm 降水，2 龄、3 龄头状沙拐枣蒸腾耗水量最高值将提前到 7 月，4 龄头状沙拐枣 8 月下旬的日蒸腾耗水第 2 峰值也将消失（图 4.4）。

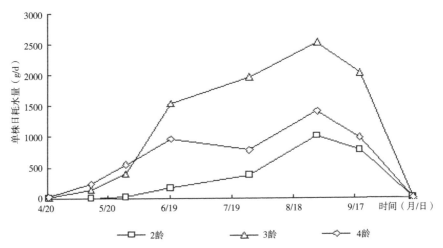

图 4.4　不同月份中 2 龄到 4 龄单株头状沙拐枣日耗水量

4.2.2.5 沙拐枣年蒸腾耗水量估算

2 龄、3 龄、4 龄单株头状沙拐枣年蒸腾耗水量分别为 65231.3g、257857.6g 和 124312.5g，按株行距 2m×1m 梭梭与头状沙拐枣混交移栽方式计算，2 龄、3 龄、4 龄单株头状沙拐枣平均耗水深度分别为 16.3mm、64.5mm、31.1mm。

4.2.3 3 种树种的对比与综合评价

梭梭、白梭梭和沙拐枣在生态适应性、抗旱性、耐盐性、生态修复功能和经济效益等方面各具优势。梭梭在干旱和盐碱土壤中生长表现优秀，能够有效固沙防风。白梭梭适应性广，具有较强的土壤改良功能。沙拐枣则兼具生态修复与经济价值，适用于沙漠地区的生态恢复与经济发展。因此，三者在沙漠化防治和生态恢复中均具有重要应用前景。

5 无灌溉造林
技术研究

5.1 无灌溉造林试验

为确保沙漠段工程长久安全运行，在机械防沙基础上实施生物防沙并促进工程沿线受扰动植被恢复势在必行。以降水和积雪融化为主要补给源的土壤水分进行无灌溉造林，不仅在沙漠段工程早期缺乏灌溉水源状况下建成生物防沙体系，还能大幅度降低防沙的造价。

5.1.1 无灌溉造林试验布置

鉴于古尔班通古特沙漠年平均降水量在 100mm 左右，而且四季分布趋于均匀，特别是冬季有稳定的积雪，伴随着春季气温回升，以积雪融化及春季降水为主要补给源的土壤水分含量较高，使沙漠中普遍存在 100cm 以上的悬湿沙层，从而为植物种子着床、萌发和定居及天然更新和恢复提供了可能。基于沙漠段土壤水分状况，并结合多种处理方式，布置了无灌溉造林试验。

5.1.1.1 无灌溉造林试验的基础条件

综上所述，古尔班通古特沙漠普遍存在的悬湿沙层为无灌溉造林提供了水分基础，特别是积雪融化对土壤水分的补给时段与气温回升时段相吻合，是无灌溉造林试验的水热条件。

实地调查表明，在自然状况下，古尔班通古特沙漠的自然植被具有较强的更新和恢复能力，即使在人为强烈扰动区域，在一定时间内植物亦能自然恢复。由此可见，在人工辅助下，在古尔班通古特沙漠实施无灌溉造林具有其可行性。

对吉木萨尔三台至火烧山油田的沙漠公路沿线植被恢复情况调查，

结果表明，在不到 20 年期间，当时受公路工程扰动的植被在自然状况下已基本恢复，而且已结束先锋植物演替阶段。经公路切割的沙垄垭口已明显变缓粗糙化，丘间因掘土所遗留下来的土埂也基本消失或变得浑圆，在背风侧的垭口侧壁上已均匀定居生长有 1~2m 高的白梭梭，其间分布有白蓬绢蒿、白杆沙拐枣、多种短命植物和一年生长营养期的种类，盖度可达 25%~35%。植物群落的种类组成、高度、层次结构均和生态外貌等特征，与邻近未遭或少遭强烈破坏的同类植物群落已基本接近。与此同时，沙丘表面也出现了结皮现象，沙丘处于固定、半固定状态。

由此可以推测，在古尔班通古特沙漠因工程行为影响或因其他方式受损和破坏的植被，在种源条件较好的自然状况下，大约需要 15 年可以基本恢复，15~25 年有希望达到完全恢复，与其相联系的沙面也可达到完全固定状态。

虽然在古尔班通古特沙漠完全靠天然恢复植被可以达到一定盖度，但是天然恢复过程比较缓慢，在机械防护体系失去作用之前尚不能完全恢复、不能替代机械沙障，即使以后恢复到破坏前的盖度也难以达到防护的要求。

因此，针对古尔班通古特沙漠环境条件，在工程扰动区内实施人工辅助下的植被恢复不仅具有其可行性，而且可以缩短植被恢复过程，有效地保护渠道免遭风沙危害。为此，在无灌溉条件下，提出了沙漠段工程生物防沙体系试验方案。

试验的基本思路是通过适宜植物种选用和相应的种植措施，促进植物生长。通过 5 年的试验研究，在植物种的筛选、结构布局、无灌溉造林技术、抚育管理和恢复植被的稳定性的监测等方面取得了突破性进展，形成了利用悬湿沙层进行无灌溉造林的技术体系，并在调水工程沙漠段得到了推广应用。

5.1.1.2 试验实施时间与地点

试验实施时间为 2002 年 2 月至 2003 年 6 月,试验地点选在沙漠段 3 号实验段,地理坐标为 44°32′30″N,88°6′42″E,试验规模包括 500m×200m 的无灌溉造林试验以及相应的小区试验。试验区段地形包括了大垭口段、大挖方段、大填方段、平沙地和垄间地,立地类型有阴坡、阳坡、迎风坡、背风坡和自然垄间沙地。

5.1.1.3 试验段布置内容

试验段选在沙漠段工程两侧,面积为 500m×200m(渠道两侧各宽 100m)。试验内容包括植物种选、造林密度、树种配制、造林技术等试验地,共划分为 5 个试验区,具体处理措施、植物种选用及布设规模如下:

(1)保水剂蘸根处理的植苗造林试验(处理 1)。

试验植物种包括沙拐枣和梭梭,试验面积 2hm²(100m×200m)。

(2)客沙植苗造林试验(处理 2)。

植物种包括沙拐枣和梭梭,面积 2hm²(100m×200m)。

(3)对照植苗造林试验(处理 3)。

选用植物种有沙拐枣、梭梭,面积 2hm²(100m×200m)。

(4)施加保水剂粉剂的植苗造林试验(处理 4)。

选用植物种包括沙拐枣、梭梭,面积 2hm²(100m×200m)。

(5)直播造林试验。

选用植物种:沙拐枣、梭梭、刺沙蓬(一年生植物),面积 1hm²(100m×100m)。

5.1.1.4 小区试验布置

(1)常规法造林试验。

选用植物种包括沙拐枣、梭梭,试验面积 300m²。

（2）保水剂蘸根植苗造林试验。

选用植物种包括沙拐枣、梭梭，试验面积 $300m^2$。

（3）客沙植苗造林试验。

选用植物种包括沙拐枣、梭梭，试验面积 $300m^2$。

（4）TACHIGAREN 制剂处理造林试验。

选用植物种包括沙拐枣、梭梭，试验面积 $300m^2$。

（5）保水剂干粉处理植苗造林 +2L 水处理试验。

选用植物种包括沙拐枣、梭梭，试验面积 $300m^2$。

（6）保水剂干粉处理植苗造林 +4L 水处理试验。

选用植物种包括沙拐枣、梭梭，试验面积 $300m^2$。

（7）种子直播造林试验。

选用植物种包括沙拐枣、梭梭、刺沙蓬（一年生植物），试验面积 $300m^2$。

5.1.2 无灌溉造林试验结果分析

通过对试验段及样地小区不同条件和不同处理的植物成活、萌发、生长、土壤水的变化及防护效果等系统的调查监测，初步确定了无灌溉造林的技术方法。

5.1.2.1 试验段植物成活与生长状况

（1）植苗造林试验的植物成活与生长状况。

在无灌溉条件下，经过一年的植物生长，苗木种植的成活率整体上达到 90% 以上，沙拐枣株高达到 100cm 左右，冠幅在 80cm 左右，梭梭株高在 40cm 左右，冠幅 30cm 左右。但不同条件和不同处理方式存在一定的差异。

整体上，在一年的生长期内，沙拐枣和梭梭具有极高的成活率，并且阴坡和阳坡植物的成活率没有大的差别。其中，处理 1 和处理 2 中，梭梭的成活率稍高与沙拐枣；而在处理 3 和处理 4 中，沙拐枣的成活率则稍高于梭梭，但是两种植物的成活差异不大（表 5.1）。

表 5.1 试验段不同处理措施的梭梭、沙拐枣成活率　　%

处理措施 ＼ 立地类型及植物种	阴坡		阳坡	
	沙拐枣	梭梭	沙拐枣	梭梭
处理 1	90	97	95	97
处理 2	83	95	91	93
处理 3	97	90	92	83
处理 4	96	91	95	94

注：处理 1 为保水剂蘸根处理的植苗造林试验；处理 2 为客沙植苗造林试验；处理 3 为对照植苗造林试验，即不采取处理措施对照试验；处理 4 为施加保水剂粉剂的植苗造林试验。

　　在 4 种处理措施中，沙拐枣的株高在阴坡大于阳坡，前者 4 种处理的株高均在 100cm 以上，后者处理 2 和处理 3 的株高不足 100cm，其中未采取处理措施的株高为 79.0cm；从沙拐枣的冠幅来看，阴坡和阳坡不同处理措施的差异不尽相同。处理 1 和处理 4 的植物冠幅在阴坡和阳坡无明显差异，而处理 2 和处理 3 的植物冠幅均是阴坡大于阳坡，其中以处理 3 阳坡的植物冠幅最小。从植物株高和冠幅可以反映出在人工辅助措施具有明显的效果（表 5.2）。

表 5.2 不同处理措施的沙拐枣生长状况比较

处理方式 ＼ 植物株高与冠幅	阳坡		阴坡	
	株高（cm）	冠幅（cm^2）	株高（cm）	冠幅（cm^2）
处理 1	112.1	5528	112.9	5357
处理 2	89.2	4065	106.2	6626
处理 3	79.0	2612	100.8	3590
处理 4	109.7	5780	108.6	5252

注：处理 1 为保水剂蘸根处理的植苗造林试验；处理 2 为客沙植苗造林试验；处理 3 为对照植苗造林试验，即不采取处理措施对照试验；处理 4 为施加保水剂粉剂的植苗造林试验。

梭梭的生长状况与沙拐枣稍有差异。除处理 2 之外，其他 3 种处理的梭梭生长状况均是阴坡好于阳坡。从株高来看，以处理 3 的阳坡株高最小，其次是处理 2 的阴坡，而处理 1 和处理 4 的株高无论是在阴坡还是阳坡均好于其他两种处理。植物冠幅以处理 1 的阳坡和处理 2 的阴坡最小，而处理 3 和处理 4 的冠幅明显大于其他处理。显然，梭梭在株高上反映出保水材料使用具有较为明显的效果，但冠幅上反映出了保水剂蘸根处理和客沙处理的效果不明显，甚至较无处理的植物冠幅要小（表 5.3）。

表 5.3　不同处理措施的梭梭生长状况比较

植物株高与冠幅 处理方式	阳坡		阴坡	
	株高（cm）	冠幅（cm²）	株高（cm）	冠幅（cm²）
处理 1	43.1	862	51.0	1107
处理 2	42.1	1077	37.8	821
处理 3	31.8	1273	44.8	1730
处理 4	42.2	1240	50.5	2320

注：处理 1 为保水剂蘸根处理的植苗造林试验；处理 2 为客沙植苗造林试验；处理 3 为对照植苗造林试验，即不采取处理措施对照试验；处理 4 为施加保水剂粉剂的植苗造林试验。

对比两种植物的生长状况，不同处理和不同立地条件的差异明显，即使同一处理，不同植物表现也不尽相同。因此，在沙漠段实施无灌溉造林时，要结合不同的立地条件和不同的植物种类采取不同的人工辅助措施。

（2）种子直播造林试验的植物成活及生长状况。

直播造林试验选用植物种包括沙拐枣、梭梭、刺沙蓬等，为便于与植苗造林试验进行对比，因此重点对沙拐枣和梭梭的成活及生长状况进行了监测和调查。

①种子直播造林与植苗造林试验的植物成活及生长状况。经过一年的出苗和生长，种子直播造林试验区的沙拐枣和梭梭成活及生长状况与植苗种植造林试验区的略有差异。其中，沙拐枣的成活率达到了87%，梭梭成活率达到了75%；沙拐枣的平均高度达到84cm，梭梭的高度则为47cm；沙拐枣和梭梭的植株冠幅相差不大，多为40~45cm。与植苗种植造林试验区相比较，两种植物的种植直播成活率小于苗木种植成活率，同时沙拐枣的株高和冠幅也较苗木种植的小，但梭梭的生长状况差异不大（表5.4）。

表5.4　种子直播与苗木种植生长状况比较　　cm

种子直播				苗木种植			
沙拐枣		梭梭		沙拐枣		梭梭	
株高	冠幅	株高	冠幅	株高	冠幅	株高	冠幅
84	43×41	47	44×42	121	90×87	45	40×37

②阴坡和阳坡种子直播的植物生长差异状况。坡向对植物种子种植的影响较为明显（表5.5）。其中，对沙拐枣的影响尤其大，主要表现在株高的差异上，阴坡生长的沙拐枣的高度是阳坡高度的2倍多。冠幅的差异也达到了2倍。而梭梭的差异则比较小，说明了梭梭的抗逆性强，对环境的适应性大于沙拐枣。这与沙拐枣和梭梭在自然条件下的分布和生长是相符合的。

表5.5　不同坡向种子种植植物生长的差异　　cm

阴坡				阳坡			
沙拐枣		梭梭		沙拐枣		梭梭	
株高	冠幅	株高	冠幅	株高	冠幅	株高	冠幅
84	43×41	47	44×42	38	31×29	42	41×35

5.1.2.2　试验小区的植物成活和生长状况

小区试验采取相同立地条件下的集中种植方式，包括7种不同处理措施。试验结果如表5.6所示。

表5.6　试验小区的植物成活及生长状况

植物成活 与生长 处理方式	沙拐枣			梭梭		
	成活率（%）	株高（cm）	冠幅（cm）	成活率（%）	株高（cm）	冠幅（cm）
对照	95	69	45×41	86	33	33×28
保水剂蘸根	96	84	55×51	94	40	42×37
客沙造林	99	93	56×53	90	42	33×29
TACHIGAREN处理	90	80	53×48	80	29	18×14
保水剂干粉+2L水	88	102	67×65	94	44	34×34
保水剂干粉+4L水	92	78	51×52	92	47	38×38
直播造林*	63	38	31×29	68	42	41×35

*：直播造林的梭梭为数个植株成丛，因此冠幅较大。

（1）沙拐枣的成活及生长状况。

在沙拐枣成活率方面，7种不同处理及种植方式差异较大。其中，以直播造林最低，只有63%，其次是使用TACHIGAREN制剂的处理，为88%，其他处理包括对照的植物存活率都在90%以上，客沙造林和保水剂蘸根处理的成活率分别达到了99%和96%。

在沙拐枣生长方面，7种不同处理及种植方式的差异更为明显。其中，以直播造林和对照试验的株高最低，分别为38cm和69cm，而保水剂干粉+2L水处理的株高达到102cm，其他处理的株高均在80cm左右；冠幅也以直播造林和对照试验最小，分别为31cm×29cm和45cm×41cm，以保水剂干粉+2L水处理的最大，达到67cm×65cm，其他处理的差异不大，均介于二者之间。

（2）梭梭的成活及生长状况。

在梭梭成活率方面，以直播造林和 TACHIGAREN 制剂的处理最低，分别为 68% 和 80%，而保水剂蘸根、保水剂干粉 +2L 水、保水剂干粉 +4L 水和客沙造林处理的成活率都在 90% 以上。

在梭梭生长状况方面，株高以 TACHIGAREN 制剂处理和对照试验的最低，平均只有 29cm 和 33cm。保水剂干粉 +4L 水处理和保水剂干粉 +2L 水处理最大，分别为 47cm 和 44cm；冠幅也以 TACHIGAREN 制剂处理和对照试验的最小，前者仅为 18cm×14cm，后者为 33cm×28cm，其他处理差异不明显，基本在 40cm×40cm 左右。

由此可见，在无灌溉造林试验中，人工辅助措施对于植物成活和生长具有明显的促进作用，但不同处理措施的效果不尽相同。如，TACHIGAREN 制剂处理的效果不好，这与在塔克拉玛干沙漠人工防护林体系建设中效果差异明显。分析其原因，一是由于没有进行灌溉；二是 TACHIGAREN 制剂是一种多微生物制剂，它的有效期很短，所以试验中，TACHIGAREN 制剂的效果没有发生作用，甚至比对照的效果差。其他人工辅助措施效果虽然不错，但也要依据不同立地条件和植物种类而定。

5.1.3　植物防沙先导试验的初步结论

通过不同立地条件及不同处理措施的种植试验，结合相应的监测和调查，基于古尔班通古特沙漠的环境条件，在无灌溉造林试验方案得出以下初步结论。

5.1.3.1　确定了用于无灌溉造林的植物种

通过试验和调查，初步确定了适宜于沙漠段的无灌溉造林及植被恢复可选用的植物种，包括适宜的灌木种、多年生草本植物和一年生植物种等。其中，梭梭属的 2 种（梭梭、白梭梭），沙拐枣属的 3 个种（头状沙拐枣、乔木状沙拐枣、白皮沙拐枣）。此外，菊科有沙蒿、绢蒿，一年生植物有刺沙蓬、沙米等。这些植物种的主要特点是抗逆性强，生长快，受扰动后恢复也比较快。加之多为乡土种类，对土壤和气候的适应性强。

5.1.3.2 确定了制约植物分布和长势的主要因子

在无灌溉造林中，制约植物分布和长势的主要因子是土壤水分状况。不同的坡向、坡位的土壤水分差异较大，对植物生长也产生一定的影响。其中，沙丘阴坡的土壤水分条件最好，植物生长状况好于其他坡向；阳坡的土壤水分状况最差，植物生长也比较差；水平沙地的土壤含水量介于两者之间，土壤水分状况较好；自然垄间地的土壤水分受到了短命植物和生物结皮的影响，冬季融雪和早春降水受到了部分截流，土壤水分状况也比较差。在植物的萌发和生长期中，以 3—6 月的水分条件较好，6 月以后的水分状况逐渐恶化，一直到 10 月以后，土壤水分才开始逐渐恢复，直到第二年的 3 月。表层的土壤水分在一年中是变化最大的。它受到了早春植物和环境条件的强烈影响。而较深层的土壤水分变化相对较小，也比较稳定，这是无灌溉造林的重要基础。因此，在进行人工防护体系的建设时，要充分考虑到水分的时空分布差异，因地制宜的选用不同的植物种类、不同的种类搭配以及种植密度。

5.1.3.3 总结形成了相应的技术要点

经过近两年的系统观测，基本可以确定在年降水量100mm 左右的古尔班通古特沙漠进行无灌溉造林在理论和实践上是可行的，初步形成了以下技术要点。

（1）根据不同的地貌类型，确定合适的防护体系的植物种类，种间配置和种植密度。

对阴坡等土壤水分条件比较好的区域，可以适当多采用沙拐枣，和梭梭进行配置，种植密度以 2m×1m 或 2m×2m 为宜，并且每种植物以

2~3 行的带状交错种植为好，以方便以后进行适当的间伐。

（2）植物苗木质量是营造生物防护体系成功与否的关键。

沙拐枣的苗木以一年生、株高 50cm 左右、根长 30~40cm 的苗木为宜，两年生的苗木，也可以使用；梭梭的苗木以一年生为宜，株高 30~40cm，根长 30cm 左右为宜。在无灌溉造林时，尽量使用好苗、壮苗。在有灌溉条件时，也可以使用等级稍差的苗木。

（3）防止苗木在运输和种植过程中的失水是十分重要。

可以使用保水剂溶液对苗木进行及时的蘸根处理，尤其是在运输的过程中，一定要保证防止苗木根系受到长时间的风吹。另一种措施就是尽量缩短起苗到种植的时间以及缩短苗木的运输距离。

（4）种植技术也是防护林成功的关键之一。

种植坑要达到一定的深度，一般要求 30~40cm，植入苗木后，一定要将土踩实。并且在苗木周围做成圈，以达到保墒、根系与土壤紧密接触和承接雨水的作用。种植以后，如果有条件，给每株灌溉 1~2L 的水，将有效地提高苗木的成活。

（5）其他人工辅助措施在沙地造林中具有明显作用。

在阳坡等沙土墒情不好的地段，可以采用客沙的方法，挖出干沙子，回填部分湿沙子，再进行种植；在阴坡等土壤墒情较好的地段，可以在土壤中施加保水剂干粉，搅拌后再进行种植。施加的保水剂干粉为 5~10g/ 株。施加保水剂后，最好能够施加 1~2L 的水。

5.2 无灌溉人工林土壤水分特征

5.2.1 人工林林下土壤水分时空变化

人工林林下土壤水分时空分布特征按种植密度的不同分为低密度种

植（2m×2m）、中密度种植（2m×1m）、高密度种植（1m×1m），3种种植密度，按不同种植坡向分为阴坡、阳坡2种坡位，对其土壤水分的时空变化规律进行分析。

5.2.1.1 林下土壤水分时间变化

人工林表层土壤水分由于对环境因子更加敏感，所以选取人工林表层不同种植方式下0~30cm土壤含水量平均值随时间的变化，来讨论人工林林下土壤水分的时间变化规律。对6种不同处理下免灌人工防护林林下土壤水分多年监测表明（图5.1），各种种植方式下土壤含水量随季节变化显著，生长期内土壤水分出现明显的低点。可分为3个较明显的水分补给和散失阶段（蒋进等，2003）。春季土壤含水量较高，夏季减少，秋季由于降水集中使土壤含水量升高，冬季则由于降雪和表层土壤的冻融作用致使土壤含水量稳中有升。3月中旬至4月底，为春季补水期。冬季一般20cm左右的积雪开始融化，春季具有年内较高的降水和较弱的蒸发，土壤水分处于补给期，4月底气温升高，冻土消融，水分下渗，表层蒸发失水和下层相对较稳定。5月中旬至10月底，为土壤水分失水期。从5月下旬至7月中旬，虽有一定比例降水，但大多<5mm，2004年7月降水54.1mm属典型的突发性降水，对当年土壤水分分配产生了极大影响，8月降水后土壤含水量有显著回升。但总的趋势仍然是土壤含水量从5月开始不断降低。7—9月为蒸发最强烈的季节，土壤水分也从5月至7月不断降低。从9月底至10月底，植被进入生长期末期，太阳辐射相对较低，土壤水分散失缓慢。从11月中旬至12月11月底至12月上旬，气温降至0℃以下，沙地自表层开始冻结，沙地水分多以气态形式向上转移，受气温变化的影响，处于冻融交替状态。12月中旬，表层10cm土壤含水率升高到2%左右，其下无变化。至2月中下旬，冻土厚度达到1.4m。与此同时地表承接了近20cm的积

雪。3月上旬气温回升到0℃以上，表层积雪和冻土开始融化，进入又一轮的土壤水分补给阶段。

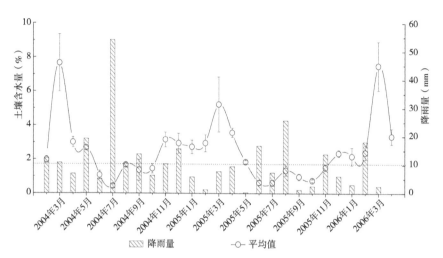

☒☒☒ 降雨量　　—○— 平均值

图5.1　表层30cm多年土壤水分变化

人工林自2004年至2006年林下土壤水分并无显著变化，从2004年2月到2005年2月与从2005年2月到2006年2月两个水分变化周期内，土壤水分周期平均值无显著性变化。表明防护林体系建成后，林下土壤水分无明显亏缺。

同时，人工林内土壤水分自2004年至2006年，每年不同周期内无明显变化，根据2004年3月至2006年3月多年监测数据对人工林下土壤水分进行季节交乘模型趋势分析，均方拟合误差（MSE）=0.53，周期均值（A）=2.14，表现出较好的拟合性。

图5.2表明，模型分析验证较好地验证了从实测值得出的规律，在3年中表现出3个显著的周期，并且均在2—3月达到最高值，7—8月达到最低值，具有很强的规律性。

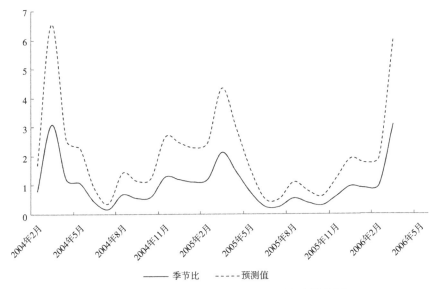

图 5.2　人工林土壤水分季节交乘趋势建模分析

5.2.1.2　林下土壤水分垂直分布变化规律

土壤质地、降水、风向以及植被类型是影响自然沙地水分变化的主要影响因子，工程行为后植被影响消除，但扰动沙面上建立的人工防护林体系及工程行为对地形的改变又成为新的影响因素。

根据沙地土壤水分的运移状况和标准差判别法，将沙地土壤水分垂直分布分为 3 层（冯起等，2005）。各种种植方式下活跃层、过渡层、稳定层土壤含水量标准差有显著差异（表 5.7）。

表 5.7　人工林林下土壤水分垂直分布标准差

标准	2×2 阳坡	2×2 阴坡	2×1 阳坡	2×1 阴坡	1×1 阳坡	1×1 阴坡
0~30cm	1.82	1.75	1.48	2.43	2.09	1.77
30~60cm	0.94	1.15	1.05	1.18	1.09	0.97
60~100cm	0.62	0.74	0.57	0.96	0.90	0.58

从图 5.3 中可以看出，土壤含水量空间变异系数由 0~30cm 到 60~100cm 不断降低，并且 0~30cm 为活跃层，受降水和蒸腾影响极大，对环境因子变化反应迅速。30~60cm 为过渡层，60~100cm 为相对稳定层。空间变异系数活跃层＞过渡层＞稳定层。

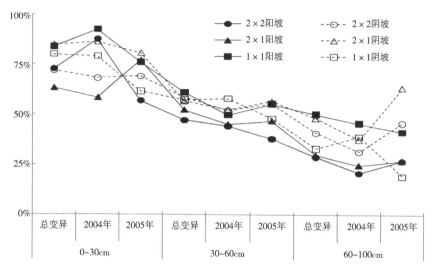

图 5.3　不同种植方式下土壤含水量垂直分布变异系数

沙地表层 0~30cm 直接受降水和蒸腾影响，对外界环境因子变化响应迅速，在春季融雪期土壤含水量迅速增加，达到全年最高，此时甚至出现达 10% 的土壤含水量全年最大值。随太阳辐射和蒸散作用的增强，但同时在夏季迅速失水，达到全年最低点，在气温和光合有效辐射最大的 7 月，活跃层土壤含水量两年内土壤含水量均在 0.5% 左右。活跃层 0~30cm 的变化幅度明显大于过渡层和相对稳定层，除补水期的 3—4 月外，在 0.5%~4% 变化（图 5.4）。

30~60cm 土壤水分变化明显较 0~30cm 趋缓，各种种植方式下最大含水量即使在春季融水期也仅为 5.29%，远小于当月 0~30cm 表层的最

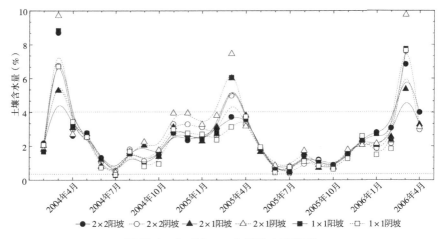

图 5.4　0~30cm 土壤含水量变化

大土壤含水量 9.21%（图 5.5）。该层在 7 月蒸散作用最强时的最低土壤含水量也高于表层，土壤表面蒸散影响对该层的影响较小。除 3 月、4 月融雪补给期土壤含水量变化较大外，该层土壤水分变化较小，各个时间段内基本在 0.8% 以上。免灌人工防护林蒸腾作用是该层土壤水分变化的重要影响因子。

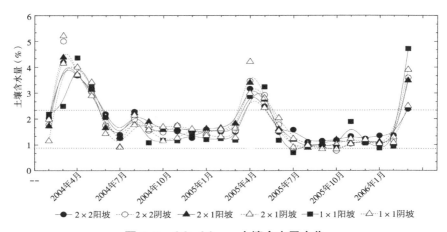

图 5.5　30~60cm 土壤含水量变化

60~100cm 为土壤水分稳定层，该层土壤在失水期和冻结滞水期土壤含水量，全年稳定在 0.9%~2.5%，并在 1% 以上，全年仅在 3—4 月的土壤水分补水期，表层土壤水分才能下渗至该层，达到该层土壤含水量全年最高值。该层土壤水分的变化是免灌人工林能否持续更新的关键，从图 5.6 中可看出，2005 年土壤水分较 2004 年同期有所降低。同时，土壤水分均值 2004 年（2.49%）<2005 年（2.04%）。2005 年防护林体系已建成 3 年，据沙坡头、科尔沁地区研究（阿拉木萨等，2005）表明，深根系的固沙植被建成土壤 9~10 年后土壤含水量开始明显下降，特别是较深层（>100cm）下降明显（李新荣等，2001）。而本地区降水量仅为沙坡头地区的 2/3，人工防护林选取的梭梭又是典型的深根系固沙植被，随着防护林体系建成时间的推移，固沙植被对根际区水分的利用，将造成林下土壤水分的进一步恶化。

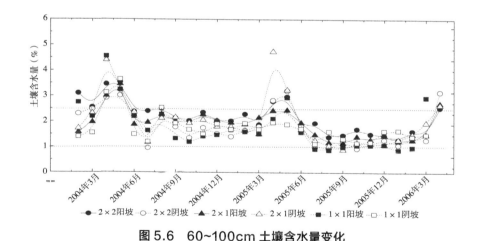

图5.6 60~100cm 土壤含水量变化

5.2.1.3 不同种植密度林下土壤含水量的变化

防护林体系内以及不同种植密度条件下的土壤水分随环境因子的变化都有所不同。免灌人工防护林体系内不同种植方式下在各个阶段内阴坡水分均值高于阳坡。表层 0~30cm 土壤含水量阴坡变异系数平均值阴坡（78.82%）> 阳坡（73.19%）。

其中 2m×1m 种植阴阳坡水分全年平均值具有显著性差异，在 5—10 月的失水期，也具有显著性差异（LSD，$\alpha=0.05$），其他种植条件下和各个阶段下只是阴阳坡水分均值有差异（图 5.7）。高密度种植（1m×1m）土壤水分均值在春季补水期最大，说明较高的种植密度下冬季降雪后受风力运移较小，为春季融雪补给提供了有利条件，但高种植密度下植物蒸腾作用加剧，导致失水期高密度种植土壤水分均值最小。低密度种植（2m×2m）在冬季雪层相对高种植密度受风力运移动较大，导致春季补给较少，在失水期由于盖度较低，土面蒸发较大，土壤水分均值也相对较低。同时，各个阶段阴坡土壤水分 > 阳坡土壤水分，高密度种植林下土壤水分 > 低密度种植土壤水分。

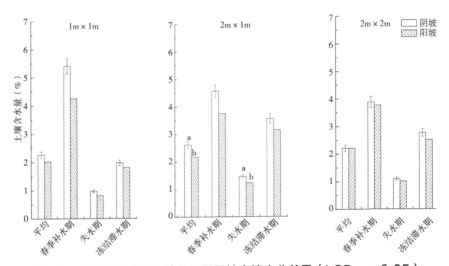

图 5.7　各种植方式不同阶段下阴阳坡土壤水分差异（LSD，$\alpha=0.05$）

在比较年内不同种植方式间土壤水分差异后，取变异程度最高的 0~30cm 土层多年土壤水分含水量监测值进行多重比较，除 2m×1m 与其他种植方式间多年土壤水分变化规律具有显著性差异。其他种植方式间，土壤水分无显著性差异（表5.8）。表明防护林体系建立后，各种植方式土壤水分利用规律的差别不大。2004年到2007年，2m×1m阴坡种植密度均值最大。同时，土壤含水量变幅也最大，2m×1m阳坡种植其次，低密度种植阳坡变幅最小。

表5.8 不同种植方式土壤含水量多重比较（LSD）

处理方式	均值	5%显著水平	1%极显著水平
2m×2m阳坡	2.45%	b	AB
2m×2m阴坡	2.41%	b	B
2m×1m阴坡	2.86%	a	A
1m×1m阳坡	2.50%	b	AB
2m×1m阳坡	2.31%	b	B
1m×1m阴坡	2.21%	b	B

整体而言，各种植方式林下土壤含水量变幅并无明显差异（图5.8），这与防护林体系建成时间较短，以及物种配置有关。也反映了各种植密度之间在现阶段耗水量差别不大。

由于2m×1m种植方式所处的沙垄坡度较其他两种种植方式坡度最大，且土壤属于工程填埋土，表层扰动较大，且防护林内坡度和坡向对土壤水分有显著影响（蒋进等，2003），造成2m×1m种植与其他种植方式具有显著性差异，以及春季补水期、夏季失水期阴阳坡间具有显著差异。

5.2.2 人工防护林内外土壤水分变化特征比较

防护林体系建立后，草方格防沙障以及引入的梭梭、沙拐枣防风固沙林，大大提高了防护林体系内的盖度，以及下垫面粗糙度，一定程度上降低了地表土面蒸发，同时破坏了原状沙地结皮，有利于土壤水分迅

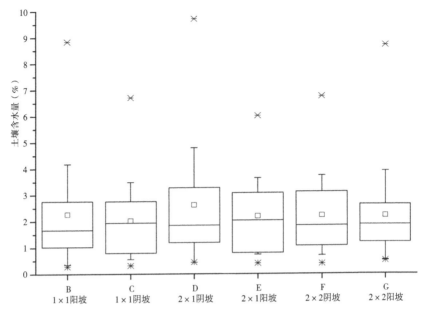

图 5.8 2004—2007 年梭梭、沙拐枣不同种植方式林下土壤水分对比

注：本图采用箱图法（Box Plots）表示，在图中矩形框中，上下横线分别表示变量的 $P=75\%$ 和 25% 位，中间横线表示变量的中值，中间方框为变量均值，上下部星标分别表示变量的 99% 和 1% 分位数，箱体中纵向直线为标准差误差线。

速下渗，提高深层土壤水分，但同时引入植物也增加了沙地土壤水分损耗。长期监测表明（图 5.9），土壤水分变化规律防护林体系内阳坡与防护林体系外阴阳坡土壤含水量绝对值差异不大（<0.05%），并且具有相似的时间变化规律，都具备水分冻结凝滞期、失水期、融雪补给期，这是由研究区干旱少雨及无地表径流、地下水埋深较深（>16m）的环境特征所决定的。

从表 5.9 中可得出，自然沙垄阳坡与人工林不同种植方式阳坡之间无显著差异，阴坡与低密度种植、2m×1m 种植阴坡有显著性差异。自然沙垄阴坡土壤水分均值显著优于人工林内除 2m×1m 种植密度外的各种植密度阴坡（表 5.10），表明人工林植被建成后，在相同的气候条件和类似的地貌条件下，植被蒸腾对土壤储水量有所消耗。同时，由图

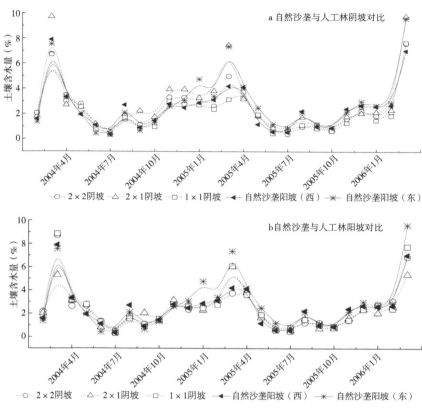

图 5.9　防护林体系内、外及沙丘表层土壤水分变化

5.5 可知，60~100cm 土层中，相同种植密度下，2005 年土壤水分也低于 2004 年同期土壤水分。

表 5.9　自然沙垄阳坡与不同种植方式间阳坡比较

处理	均值	5% 显著水平	1% 极显著水平
2×2 阳坡	2.45	a	A
2×1 阳坡	2.31	a	A
1×1 阳坡	2.50	a	A
自然沙垄阳坡（西）	2.48	a	A

表 5.10　自然沙垄阴坡与不同种植方式间阴坡比较

处理	均值	5% 显著水平	1% 极显著水平
2×2 阴坡	2.41%	b	BC
2×1 阴坡	2.86%	a	A
1×1 阴坡	2.21%	b	C
自然沙垄阴坡（东）	2.82%	a	AB

5.2.3　人工林林下土壤水分状况小结

研究区内土壤含水量表现出很强的时间变化趋势，通过季节交乘建模分析及模糊判别，依据土壤含水量变异程度（Murtaugh Paul A.，2007），可分为春季补水期、夏季失水期、冬季冻结滞水期 3 个时期，表现出升高—降低—升高的周年变化趋势，与前期研究结果类似（赵从举等，2004）。土壤水分时间变化过程中，以春季补水期变异程度为最大，失水期变异程度最小，这是由于春季土壤水分受融雪补给较大，土壤含水量相对较多造成的。在降雨较多年份和降雨较少年份变化规律无显著性差异，也是由于该区蒸发量远大于降雨量所造成的。

自然沙垄土壤含水量的空间变化过程中，自然沙垄不同坡向土壤含水量变化规律具有显著性差异，土壤含水量均值为阴坡＞阳坡，不同坡位间差异较大，垄间与坡中和垄顶都有显著性差异，坡中与垄顶差异不大。同时，垄顶土壤含水量变异系数大于其他坡位，这是由于垄顶地表植被盖度、生物结皮盖度都远远小于其他坡位（王雪芹等，2006），且受风力影响较大造成的。不同坡位含水量有由垄顶向垄间增加的趋势，土壤水分运移在垄顶以下渗为主，坡中同时存在下渗和侧渗，土质疏松程度垄间＜坡中＜垄顶（赵从举等，2004）。垄间土壤含水量全年平均较高（Singh J. S.，1998），但失水期土壤含水量垄间＜坡中＜垄顶，可能与植被盖度垄间远高于其他坡位有关。

人工林内各种植方式间林下土壤含水量不同坡向间与年际变化规律除 2m×1m 种植方式外，其他种植方式均无显著性差异；且 2m×1m 种植方式坡度最大，尚不能确定土壤水分变化规律差异性是由于坡度或种植方式引起的。表明各种植方式间土壤水分对土壤储水量的消耗目前还无显著性差异；与自然沙垄之间具有显著性差异，表明人工防护林建植 3 年后，已经开始对林下土壤水分产生影响。自然沙垄阴阳坡土壤水分与人工林阳坡土壤水分均无显著性差异，其中，高密度种植阳坡显著低于自然沙垄阴坡（$P<0.05$），且土壤含水量均值在所有种植方式及自然沙垄中最低，说明在高种植密度以及相对阴坡较高的太阳辐射，1m×1m 阳坡种植林下土壤水分相对最小，可能不利于免灌人工林的持续更新。

研究区土壤含水量动态变化时具有典型的垂直分布特征，自然沙垄与人工林土壤水分变化规律类似，都可依据标准差变异系数（刘元波等，1997）分为活跃层、过渡层、稳定层。活跃层土壤含水量变化规律与其他两层均有极显著性差异（$P<0.05$），土壤含水量变化系数从活跃层到稳定层依次降低，表明活跃层对环境因子反应灵敏，受气候和地表蒸散等土壤水分主要限制性因子影响较大。过渡层次之，稳定层变化程度最小。

5.3 无灌溉人工林土壤养分分布规律

无灌溉人工林内土壤养分处在一个缓慢向下迁移的过程，遵循生物小循环的机制，林下枯枝落叶以及动物残体分解后首先滞留在表层，随后逐步分解，部分元素转化成无机盐随水分向下层缓慢迁移，而有机质部分难溶于水迁移过程更为缓慢，大部分滞留在土壤表层，见图 5.10。

幼龄林（0~2 年）林地土壤养分分布主要集中在表层生物结皮层，林分中有机质、有效 N、有效 P 和有效 K 的含量均随土层深度的增加急剧减少，其中 2 年林结皮层有机质、有效 N、有效 P 和有效 K 的含量分别为 4.00g/kg、5.09mg/kg、0.92mg/kg、119.50mg/kg，其含量是中层和下层土壤各养分含量的 4~10 倍；4~6 年人工林养分迁移处在一个过渡过程，中、下层土壤养分所占比重都有所提高，尤其是有效 P 的含量在 3 层之间已无明显差异，有效 N、K 的表层含量已降至中下层的 2~3 倍，有机质迁移缓慢，但在 6 年林中已有大幅度提升，中、下层含量都超过 1g/kg；8 年林中层土壤中有效 N、有效 P 和有效 K 的含量已经超过表层，而且下层含量与表层量值大小无差异，此时，表层养分已大量转移到中下土层，更有利于植物根系的吸收，有机质含量仍在缓慢下渗，中、下层含量与 6 年林相比均有很大的提高。人工林内土壤养分随时间向下缓慢完成再分布，逐步提高各土层的土壤肥力，与此同时，人工林土壤养

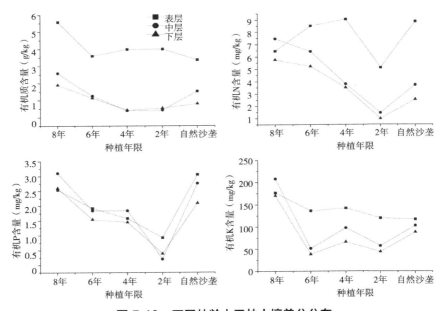

图 5.10　不同林龄人工林土壤养分分布

分随林龄的增加也呈增大趋势，最终达到固土增肥的效果。

自然状态下沙丘养分补给相对没有人工林内充分，其有机质、有效 N、有效 P 和有效 K 的分布规律与人工林存在很大的差异，有机质量值随土层深度呈梯度递减状态，有效 N、P、K 量值随土层深度呈规律性下降。可以得出，0~4 年人工林中土壤养分总体含量不及自然沙垄，因为此阶段枯落物分解转化养分量值小于林木汲取量；6~8 年人工林中养分超过自然沙丘，8 年林林分养分分布更为合理，更有利于植物对养分的吸收，促进其自身生长。

5.4 无灌溉人工林林分状况

5.4.1 冠幅

无灌溉人工林主要有梭梭纯林、沙拐枣纯林和梭梭、沙拐枣混交林 3 种配置方式，1 株 /1m×1m、1 株 /2m×1m、3 株 /2m×2m 3 种种植密度，其中以梭梭、沙拐枣混交林，1 株 /2m×1m 密度为主。梭梭和沙拐枣都是优良的固沙树种，具有耐旱，抗风蚀、抗沙埋等特性，除此之外，沙拐枣具有很强的萌蘖能力，平茬后可以进行再生长；人工林建植密度主要为 1 株 /2m×1m，部分年限种植密度为 1 株 /1m×1m 及 1 株 /2m×2m。随着人工林的生长，林分密度对人工林生长的制约越发明显，在 1 株 /1m×1m 密度下的 8 年林林木的株高、冠幅均小于 1 株 /2m×1m 密度的林分；在 2m×1m 密度下种植的人工林，8 年混交林梭梭平均株高、冠幅分别为 112.7cm、96.9cm，沙拐枣平均株高、冠幅分别为 161.8cm、141.7cm，长势较好，已基本达到防护目的（表 5.11）。

表 5.11　不同林龄人工林林分结构

林龄（年）	配置	密度	梭梭株高（cm）	梭梭冠幅（cm）	沙拐枣株高（cm）	沙拐枣冠幅（cm）
8	梭梭、沙拐枣混交林	2m×1m	112.7±21.9	96.9±13.9	161.8±26.6	141.7±28.24
8	沙拐枣纯林	1m×1m			131.9±27.3	100.7±22.2
7	梭梭、沙拐枣混交林	2m×1m	104.9±29.6	94.1±17.6	102±19	119.4±13
6	梭梭、沙拐枣混交林	2m×1m	76.9±29.9	65.2±25.7	136.7±19.2	136.7±40
5	梭梭、沙拐枣混交林	2m×1m	110±10.4	102.1±12.6	106.8±19.2	105.6±21.1
4	梭梭纯林	2m×1m	98.5±15.1	81.6±13.2		
3	梭梭、沙拐枣混交林	2m×1m	81.6±19.3	72.5±15.7	104.5±14.2	82±26.1
2	梭梭、沙拐枣混交林	2m×1m	45±7.3	46.9±12.5	77.4±14.5	63.6±19.2

5.4.2　株高

　　由于有些年份的数据没有连续观测，出现一定的数据缺口，于是从两个方面对人工林的生长进行比较。一方面利用空间代替时间法（图5.11），分别找不同年份种植的具代表性人工林进行样方调查，每样方随机选取相同立地条件下（阴坡中）梭梭、沙拐枣各 10 株量取；另一方面利用人工林建植初的监测数据和近年的同一地块人工林进行对比（图 5.12）。图中可以看出，梭梭和沙拐枣的长势都随着林龄的增加呈现规律性的增长。前 1~5 年是梭梭生长旺盛期，5 年平均株高可达 1m；前 1~6 年是沙拐枣生长旺盛期，5 年平均株高可达 1.4m；6~9 年是生长平稳期，此段时期梭梭和沙拐枣受自身生物学特性、水分等大环境影响，很难再在短期内有大的生物量增长，生长量没有大的变化；5 年后进入衰败期，其中沙拐枣呈现负增长趋势表现比较明显，因为沙地有限水分限制呈现抑制性生长，沙拐枣在 7~8 年后会生成大量的枯枝，新枝数量减小，人工林的整体景观效果和防护效果有所下降，所以在无灌溉人工林 10 年生长周期后，亟须对人工林进行抚育更新，提高人工林质量和防护效益。

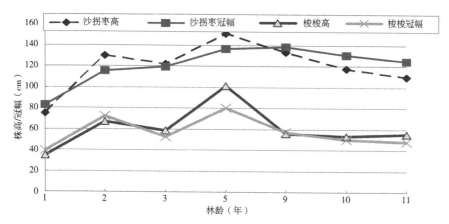

图 5.11　不同年份种植不同林龄人工林生长状况

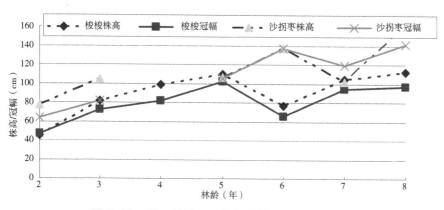

图 5.12　同一林地不同年份林龄人工林生长状况

5.5　草本植物种的生物多样性变化

数据表明，草方格内草本植物物种数随着林龄的增加，单位草方格内（面积为 1m×1m）物种数也在增加，1 年林龄人工林物种数平均为 3.07 个 / 草方格，3 年平均为 5.64 个 / 草方格，7 年平均为 9.36 个 / 草方格，11 年为 14.5 个 / 草方格（图 5.13）。物种分布受到距离自然生境远近的影响，距离自然沙垄生境 30m 范围内单位面积草方格物种数较多，30~50m 范围内物种数最少，而 50~70m 范围又有所增加。

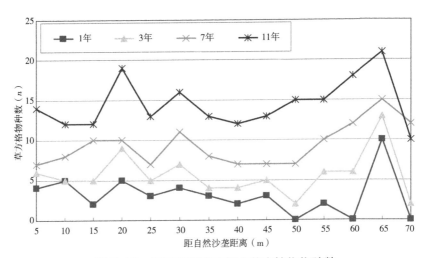

图 5.13 不同林龄草方格内草本植物物种数

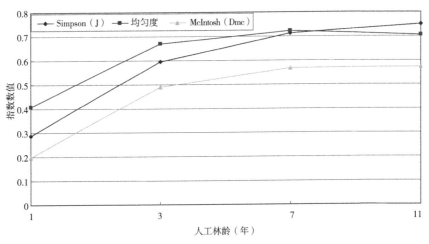

图 5.14 不同林龄草方格内草本植物多样性指数

如图 5.14 所示，对草方格内物种数和各物种的单位面积个体数进行了分析，随着林龄的增加，草方格内 Simpson 多样性指数、均匀度及

McIntosh 指数均相应增加，Simpson 多样性指数反映了物种丰富度，均匀度反映了物种分布的均匀程度，McIntosh 指数同样反映物种丰富程度，三者相同的变化曲线，证明了草方格随着林龄的增加呈现物种多样性增加的趋势，且在前 7 年物种多样性增加明显，在 7~11 年，由于草方格内土壤结皮的逐渐形成，沙面逐渐由半固定转换成固定程度，生物多样性指数逐渐接近自然沙垄，变化趋缓。

5.6 生物结皮的发生与生长

随着人工林种植年限的增加，其林内结皮的覆盖度呈现递增趋势，无林地裸沙表面的结皮盖度在 45%~60%，而 8 年林坡中生物结皮的盖度已接近 90%；表 5.12 显示，不同年限人工林内生物结皮厚度在 5mm 左右，结皮厚度差异不明显，最小为 6 年林 4.68mm，最大为 4 年林 5.48mm，有林地内生物结皮厚度均大于无林地内生物结皮厚度 3.57mm，而且，4 年林内最大结皮厚度可达 8.6mm，2 年、6 年、8 年林内结皮最大厚度也都接近 8mm，而无林地内生物结皮最大厚度仅为 3.85mm，远远小于有林地。由此看出，人工林中生物结皮发育速度较快且已发育较为充分。

表 5.12　不同种植年限人工林土壤生物结皮分布概况

种植年限（年）	位置	结皮盖度（%）	结皮厚度		枯落物覆盖度（%）
			平均（mm）	最大（mm）	
0	坡中	45~60	3.57	3.85	0
2	坡中	65~70	5.08	7.9	5
4	坡中	65~80	5.48	8.6	10
6	坡中	70~85	4.68	7.8	15
8	坡中	85~90	5.22	7.5	15

6 无灌溉人工林抚育措施

6.1 平茬抚育措施对人工林的影响

6.1.1 平茬对沙拐枣人工林立地条件的影响

6.1.1.1 平茬对沙拐枣人工林土壤水分的影响

在沙漠地区，土壤水分是影响植物生长最重要的因素（许浩等，2006）。实验结果表明：沙拐枣生长期 0~100cm 土层内土壤平均含水量 CK > B > A > C，对照样地内土壤含水量与平茬样地内土壤含水量存在显著性差异，人工平茬处理在一定程度上促进了沙拐枣根系对沙地土壤水分的吸收。

5 月沙拐枣平茬作业初期，对照区 CK 和间伐区 A 林地内土壤水分随土层深度变化趋势基本一致，0~100cm 土层内土壤平均含水量近似相等；随着平茬后沙拐枣的生长，不同平茬数量规格下沙拐枣对水分的消耗有所不同，导致不同平茬方式处理下土壤中水分随土层深度的变化趋势不一致，在图 6.1 中 8 月表现为离散型分布，0~100cm 土层内土壤平均含水量出现明显差异，如图 6.2 所示；沙拐枣一般在 10 月份停止生长，此时沙拐枣对土壤水分的消耗量较小，从图 6.1 中 10 月份土壤分布可以看出，不同平茬数量规格下林地土壤水分随土层深度的纵向变化又趋于一致，0~100cm 土层内土壤平均含水量大致相等。

8 月生长季，4 块样地 0~100cm 土层内土壤平均含水量 CK > B > A > C，即随着沙拐枣平茬数量的增加，林地内土壤平均含水量呈减小趋势。由图 6.2 可以看出，对照 CK 样地内土壤含水量显著高于 3 块平茬样地内的土壤含水量，尤其与 A、C 样地达到了极显著水平（$P<0.01$）；样地 A 与样地 B、C 内土壤平均含水量均无显著性差异，且 0~100cm

土层土壤含水量 A<B，这是由于样地所处微地形以及不同样地内沙拐枣自身耗水特性的影响，但 0~100cm 土层土壤含水量 A<C、B<C，随着平茬数量的增加林地内土壤平均含水量减小的总趋势没有改变，进而说明平茬沙拐枣数量越多对土壤中水分消耗越大，所以人工平茬处理在一定程度上促进了沙拐枣对土壤水分的吸收。

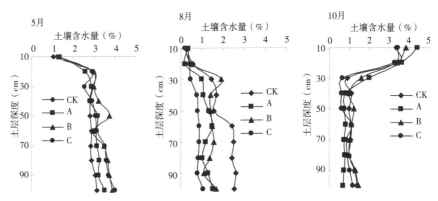

图 6.1　不同月份不同平茬数量规格下林地土壤水分分布

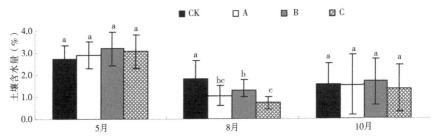

图 6.2　不同月份不同平茬数量规格下林地土壤水分差异比较

注：小写字母表示 95% 显著性。

6.1.1.2　平茬对沙拐枣人工林土壤养分的影响

沙漠中土壤养分空间分异受人为和自然因素的综合影响，尤其是人类活动具有双重作用。在人类活动影响下，土地退化的速度会比自然条件下高出 3~10 倍，但是合理的沙漠化防治措施等人类活动又可以使沙漠化过程逆转（张鼎华等，2001）。实验结果显示：人工平茬抚育措施可以提高沙拐枣林地整体养分水平，且使土壤养分更多地向林下范围集中分布。

生物小循环是发生在土体和植物之间养分元素循环的过程，即植物从土壤中吸收维持自身生长的养分元素，植物残体分解后各元素又反馈给土体。如图6.3所示3块平茬样地内土壤表层有机质的含量均明显高于对照林地，而且随着平茬数量的增加，土体中有机质的含量也随之增加。平茬后，大量的平茬植株残体并未清理，分散在林地沙地表层慢慢分解，有机质含量的升高原因也在于此。土壤中有效N、P、K是直接可以被植物体吸收的一部分养分元素，在土壤中分解转化需要特定的条件而且时间较长。从图6.3可以看出，表层土体有效N的含量随着平茬

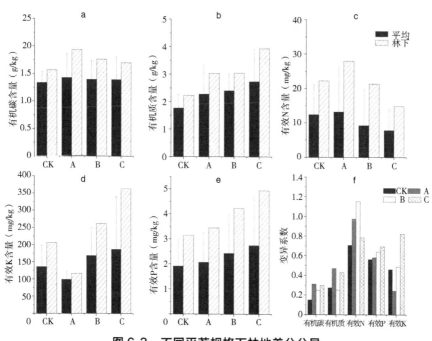

图6.3 不同平茬规格下林地养分分异

数量的增加呈减小趋势，有效 P 的含量在平茬处理下略有升高，变化不明显，表明平茬对其影响不大；有效 K 的含量在 4 个样地内分异顺序为 C>B>CK>A，说明 A 样地内土壤中有效 K 的补给小于植物的汲取，而其他两个林地内恰好相反。

  土壤中养分分异状况影响其间植被的生长（王雪芹等，2003）。图 6.3 显示，平茬后，沙拐枣林地内养分分异程度增大，不同平茬规格下靠近平茬植株土壤中有机碳，有机质，有效 N、P、K 的含量都明显高于林地内平均水平。有效 N 含量更为明显，林下有效 N 含量已达到平均水平的 2 倍以上。从养分含量分布变异系数可以看出，平茬在整体水平更有利于"肥岛"的发育。平茬处理下各样分元素含量的变异系数都大于对照水平，表明在林下分布的养分更为集中，林间空地内土壤养分含量所占比率相对减少。这种反馈即养分集中在植株周围更有利于植物的生长发展，在植物－根系－土体这一微系统中体现出土壤对植物的反馈作用以及植物对土体的适应。图 6.3 中 f 显示，对照水平下有机质含量变异系数小于 0.2，平茬处理下其变异系数在 0.3 左右，有明显增大趋势，有效 N、P、K 含量的变异系数变化趋势更明显。

6.1.2　平茬对沙拐枣人工林生长的影响

6.1.2.1　平茬对沙拐枣株高、冠幅生长及其活力的影响

  防护林的防护效益与林内植株的株高、冠幅等形态特征密切相关。一般认为防护林背风面的有效防护距离为树高的 10 倍左右，冠幅大小决定了植被对风速的消减程度（周智彬等，2006；李应罡等，2008）。株高、冠幅是沙拐枣的重要生长指标，本次实验生长量为沙拐枣一个生长期的生长幅度即年生长量。调查结果发现，平茬后，平茬沙拐枣植株生长迅速，株高、冠幅快速增加，生长高峰期在平茬当年 6 月，

株高、冠幅年生长量均达到较高水平。在空间上已起到良好的防风固沙效果，在总体长势状况良好下，C样地长势尤为突出；同时，3块平茬样地内未平茬沙拐枣植株的株高、冠幅生长量也受到不同程度的影响，A、C样地内未平茬沙拐枣植株长势显著提高，增大了防风固沙效益。

利用 origin 作图软件对沙拐枣株高、冠幅进行 logistic 生长曲线拟合，拟合度 R^2 均在 0.9810 以上，说明平茬后沙拐枣生长轨迹符合 logistic 生长曲线。如图 6.4 所示，不同平茬规格下沙拐枣株高、冠幅生长曲线趋势基本一致，平茬初期生长较缓慢，生长高峰期都集中在 6 月，7 月过后长势减缓，直至 8、9 月停止空间生长。平茬后，A、B、C 3 块样地内平茬沙拐枣植株生长迅速，生长末期平均株高分别达到了 99.40cm、98.20cm、106.90cm，平均冠幅则分别达

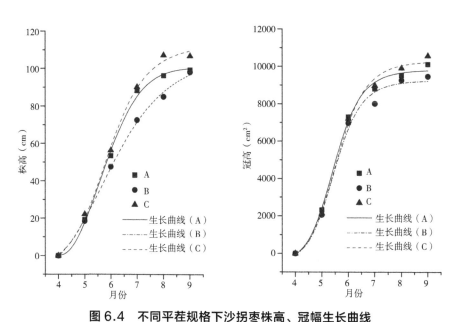

图 6.4　不同平茬规格下沙拐枣株高、冠幅生长曲线

注：拟合曲线公式 $y = A2 + [(A1-A2)/(1+(x/x0)p)]$，$A1$、$A2$、$x0$、$p$ 均为参数。

到 10112.57cm^2、9463.991cm^2、10562.96cm^2。平茬沙拐枣植株株高、冠幅从数值上表现为差异不明显，表明不同的平茬规格对平茬沙拐枣植株生长影响较小，但是从数据可以看出 C 样地内平茬沙拐枣株高、冠幅生长量要稍大于其他两块样地，长势最好；CK、A、B、C 4 块样地内未平茬沙拐枣株高生长量无显著性差异，而冠幅生长量 A、C 样地要显著高于 CK、B 样地（$P<0.05$），从而更有效地消减风速，增大防风固沙效益。

衡量植物生长活力的因子有很多，包括植物的根系活力、单位面积林木生长量以及光合作用强度等（Waring et al., 1983; 齐曼·尤努斯等，2011），活枝数量与枯枝数量比也可以直观地表现出植株个体的生长活力，实验结果表明，平茬有助于提高沙拐枣根系活力，林木生长量迅速增加，在生长季节活枝数量与枯枝数量比明显提高，达到了再生的目的。在生长季节平茬沙拐枣林地内水分显著低于对照水平，平茬沙拐枣为了满足自身快速生长的需要，从沙地土壤中吸收了更多的水分，侧面反映出其根系活力也被相应提高；从表 6.1 生长量一栏可以看出，平茬沙拐枣植株株高、冠幅生长量远远大于未平茬植株，反映出平茬沙拐枣地上部分活力旺盛；沙拐枣随着生长其枯枝数量会逐渐增加，长势减弱，活枝数量与枯枝数量比显示，未平茬沙拐枣枯枝数量占整个沙拐枣植株的一半左右，而 A、B、C 3 块样地内平茬沙拐枣植株活枝数量与枯枝数量之比分别为 2.13、4.20、9.50，数据显示远大于 1，说明平茬沙拐枣枯枝少，生长活力旺盛，尤其是 C 样地内平茬沙拐枣表现更为明显，A、B、C 3 块样地内未平茬沙拐枣植株活枝数量与枯枝数量之比分别为 1.11、1.43、1.11，整体活力表现较差，但与对照相比的 0.55 也都有明显的提高。

表 6.1   不同平茬规格下沙拐枣各项生长指标对比

样地	处理	生长量		活枝数量 / 枯枝数量
		株高（cm）	冠幅（cm²）	
CK	未平茬	20.08	2191.218	0.55
A	未平茬	19.34	3883.221	1.11
B	未平茬	13.17	1771.156	1.43
C	未平茬	23.13	4260.021	1.11
CK	平茬			
A	平茬	99.4	10112.57	2.13
B	平茬	98.2	9463.991	4.2
C	平茬	106.9	10562.96	9.5

注：冠幅按椭圆形面积计算。

6.1.2.2　平茬对沙拐枣新枝生长的影响

沙拐枣具有特殊的形态特征，为了适应干旱的沙漠环境，沙拐枣叶片完全退化，光合作用以及蒸腾作用由其绿色枝——同化枝所取代，同化枝的生长对整个沙拐枣植株存在至关重要的意义。本试验研究表明平茬有效增大了沙拐枣同化枝的表面积，增大同化枝生物量，在一定程度上提高了沙拐枣的生产力。

沙拐枣的同化枝形状为十分规则的圆柱形，试验调查显示，不同平茬处理对沙拐枣同化枝柱体直径影响不大，且都在 1mm 左右，但其生长长度却存在很人的差异，如图 6.5 和图 6.6 所示：C 样地内沙拐枣同化枝长度要显著大于 A 样地和 CK 样地，CK 样地、A 样地、B 样地内沙拐枣同化枝长度存在差异但差异不显著。从图中可以清晰看出，不同处理下沙拐枣同化枝长度大小顺序为 C > B > A > CK，即随着沙拐枣的平茬数量的增加，沙拐枣同化枝枝长随之增加，在直径一定情况下，反映出沙拐枣同化枝表面积也是增大的，实际上也就是沙拐枣生长空间在增大。生长旺盛期（7—8月）沙拐枣地上部分生物量分配更多集中在

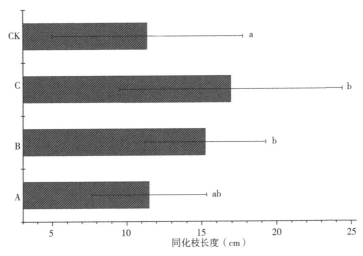

图6.5　不同平茬规格下同化枝长度对比

注：小写字母表示95% 显著性。

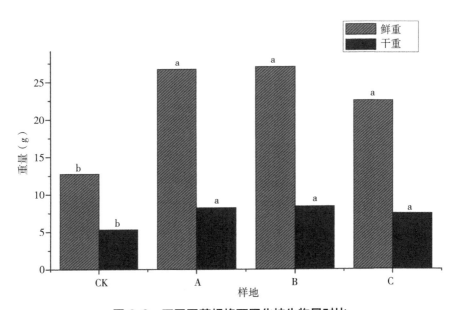

图6.6　不同平茬规格下同化枝生物量对比

同化枝上，沙拐枣枝条繁茂，以竞争光照资源。平茬后，沙拐枣不仅在株高、冠幅上表现出生长优势，其生产力也相对提高，与对照相比，沙拐枣同化枝鲜重和干重均大幅提高，CK、A、B、C 4 块样地 100 枝同化枝鲜重分别为 12.76g、26.70g、27.04g、22.48g，干重分别为 5.32、8.20g、8.40g、7.46g，不同平茬数量规格对沙拐枣同化枝生物量大小影响很小，平茬沙拐枣与对照相比均表现出显著性差异，说明平茬有效提高了沙拐枣同化枝的生物量，在一定程度上增大了沙拐枣的生产力。

6.1.3 平茬对沙拐枣人工林物种多样性的影响

6.1.3.1 平茬后林内物种多样性指数变化

物种多样性是衡量一个群落稳定性的重要指标之一，同时能够反映出这个植物群落的结构组成。由于人为的介入干扰，沙地人工林林内物种多样性本实验调查结果显示人工平茬更新复壮可以有效提高林下植物的入侵数量，增大了林下植被盖度，但对于入侵种类的丰富度、物种多样性指数以及林下植物群落分布均匀度影响较小。

由表 6.2 显示，4 块样地内入侵的草本植物盖度分别为 1.6%、3.1%、2.8%、2.3%，可以看出平茬样地内入侵植物的数量明显增加，说明人工平茬更新复壮抚育措施可以有效提高林下植被的数量；数据显示林地内入侵植物的种类较为稳定，都在 10~13 种范围内，没有太大差别，主要的植物有榴苞菊、齿稃草、尖喙、条叶庭芥、鹤虱、胡卢巴、角果藜，而沙米、黄芪、狼毒在样地内出现，但分布较少；由计算得出的林下植被物种多样性指数以及均匀度指数也没有较大的差别，物种多样性指数最高的是对照水平下的 2.18，最低的是 A 样地的 1.85，均匀度指数都在 0.20 左右，说明人工平茬作业对防护林林下植被的物种多样性总体影响较小。

表 6.2　平茬后不同样地物种多样性对比

样地	总盖度（%）	S=R（种）	H	E
CK	1.6	10	2.18	0.22
A	3.1	10	1.85	0.18
B	2.8	13	2.16	0.17
C	2.3	10	2.05	0.20

6.1.3.2　平茬对林内沙拐枣种内竞争的影响

种内竞争普遍存在于植物群落中，可以起到林分自疏的作用，是生态群落演替最主要动力（陶玲和任王君，2004）。变异系数是衡量变量波动程度的一个变量，沙拐枣株高、冠幅生长量变异系数则体现的林分内沙拐枣的生长差异；沙拐枣生长差异越大说明林分内种内竞争越激烈，反之，生长差异越小，竞争也越小。对比不同处理间株高、冠幅的变异系数得出，人工平茬增大了沙拐枣株高、冠幅生长量的变异系数，使沙拐枣植株之间生长差距加大，加剧了沙拐枣种内竞争。由表 6.3 可以看出，A、B、C 3 块样地内未平茬和平茬沙拐枣植株株高、冠幅生长量的变异系数都大于对照水平下的变异系数，尤其是平茬沙拐枣株高、冠幅生长量的变异系数远远大于对照水平，说明平茬后沙拐枣个体植株之间生长差异较大，短时间内加剧了种内竞争，造成生长严重不一致，此外，在 8 月土壤失水期调查显示每 $100m^2$ 平茬沙拐枣死亡数量明显升高，从侧面反映出为了适应其自身生长节奏的加速，沙拐枣种内竞争加剧。影响沙拐枣生长差异的最主要因素是沙地土壤水分，在水分条件匮乏的条件下，沙拐枣植株对土壤水分的竞争水平不同，一些沙拐枣植株活力旺盛，根系较为发达，占据一定的生长优势，从而阻止邻近其他沙拐枣植株的正常生长，种内竞争的加剧将会加速沙拐枣对环境的适应机制，最终优胜劣汰，达到自疏现象。

表 6.3 平茬后沙拐枣生长变异分析

样地		变异系数		单位面积（100m²）死亡株数
		株高	冠幅	
未平茬	CK	8.41	14.22	0.6
	A	13.90	19.18	0.5
	B	16.31	26.39	0.3
	C	21.07	31.59	0.8
平茬	CK			
	A	28.12	22.25	1.4
	B	35.59	31.00	1
	C	20.34	20.90	2

6.2 间伐抚育措施对人工林的影响

6.2.1 间伐对梭梭人工林立地条件的影响

6.2.1.1 间伐对梭梭人工林内土壤水分的影响

间伐处理前，3块实验样地内土壤平均含水量呈 CK > A > B 顺序排列，不同样地内梭梭株高排列顺序也为 CK > A > B，冠幅为 A > CK > B，在相同种植密度下，林地土壤水分条件越好，林内梭梭长势随之越好，如图 6.7 所示。3块样地内对照样地土壤水分含量最高，其林内梭梭长势明显占优，尤其株高更为明显，B 样地内水分亏缺严重，梭梭长势最差。密度调控在人工抚育措施中被广泛应用（王慧和郭晋平，2008；程顺等，2006；苏俊武，2010；朱少华，2011；李茂哉，2008；赵岷阳和苏宏斌），密度调控目的在于光照、土壤中水分、养分等资源的合理分配，但在极端干旱胁迫条件下的沙地工林，制约其生长的关键因素是水分条件，梭梭间伐目的在于使保留株能够更好更快生长。

间伐处理对梭梭林地水分随土层深度变化的总趋势影响不大，

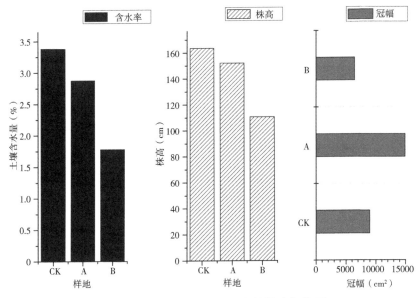

图 6.7　间伐前不同样地内梭梭生长状况

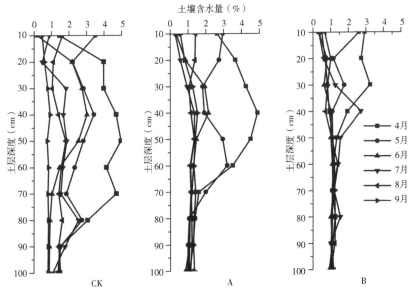

图 6.8　不同间伐处理下林地土壤水分分布

0~100cm 土层范围内沿垂直方向，间伐林地沙地土壤水分分布仍可以分为 3 层，分别为 0~40cm 的活跃层，40~70cm 的过渡层，70cm 以下为相对稳定层；但随着月份的变化各处理间同层次土壤水分存在一定的差异。从图 6.8 中看出，间伐初期 4—5 月对照样地林地土壤水分占据绝对优势，土壤含水量量值明显大于间伐样地内土壤水分，这是由于微地形因素造成，沙地坡面有起伏导致早春融雪后水分分布不均，但在 6 月份以后这种优势逐渐减弱，尤其在 7 月以后间伐样地在过渡层以及相对稳定层内土壤含水量高于对照样地，而活跃层水分在 3 块样地内的分布基本一致，这是由于表层土壤水分受太阳辐射蒸发影响甚大，其量值一直处在较小范围内。

在梭梭生长期内，间伐处理有助于降低沙地水分的消耗，使沙地土壤含水率相对提高。在间伐初期 4—5 月，对照样地内土壤水分含量最高，B 样地内最低，此时梭梭生长缓慢，沙地水分的耗散主要是因为气温的回升导致地表蒸发量加大造成的，沙地土壤水分处在失水期阶段（图 6.9）；在生长旺盛阶段 6—8 月，沙地土壤在表皮形成一

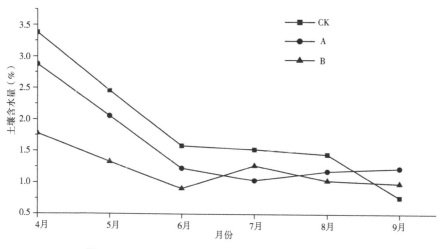

图 6.9　不同间伐处理下林地土壤水分随月份变化

层 10~20cm 的干沙层，大大减少了沙地水分的蒸发（王雪芹和赵从举，2002），此时沙地水分流失的主要方式是植被蒸腾，从图可以看出，间伐处理下沙地水分在此阶段有回升的趋势，尤其是间伐后保留株密度为 2m×2m 的样地内 7 月之后沙地水分在逐渐升高，而对照样地水分仍是处于弱失水状态。

6.2.1.2 间伐对梭梭人工林内养分的影响

间伐处理有助于提高林地内总体养分水平，间伐后梭梭植株残体为林地土壤养分提供来源。随着间伐强度的增大，林地内表层土壤中所含有机质的含量逐渐增大，但是，间伐抚育不能在短时间内提高土壤中的有效 N、P、K 的含量。如图 6.10 所示，两块间伐样地内土壤表层有机质的含量均明显高于对照林地，而且随着间伐强度的增大，土体中有机质的含量也随之增加，间伐后，大量的梭梭植株残体并未清理，分散在林地沙地表层慢慢分解，有机质含量的升高原因也在于此；土壤中有效 N、P、K 是直接可以被植物体吸收的一部分养分元素，在土壤中分解转

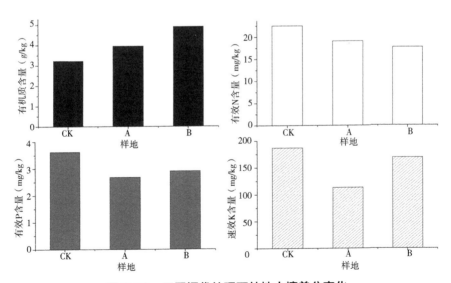

图 6.10 不同间伐处理下林地土壤养分变化

化需要特定的条件而且时间较长，从图上可以看出，表层土体有效 N 的含量随着间伐强度的增大呈减小趋势，有效 P、K 的含量在间伐处理下均有所减少。间伐处理后，林地土壤内有效 N、P、K 的含量与对照相比均有所降低，一方面由于这部分有效养分的转化速度比较缓慢，在短时间 1 年内，植物残体很难转化成为直接被植物所吸收的那部分养分，即补给不足；另一方面，间伐处理后，保留株生长旺盛，梭梭单株生产力增大，所需的养分随之增大，即消耗增大。在总体水平上，由于间伐林地内有机质含量明显增加，其养分水平呈现增加趋势。

6.2.2 间伐处理对梭梭生长的影响

间伐处理有助于林地内梭梭保留株的快速生长，随着间伐强度的增大，梭梭保留株的长势随之变好。在间伐初期 5 月份，梭梭生长缓慢，不同处理下梭梭长势并无较大差异；由于 3 块样地在平茬前储水量不同，土壤含水量 CK > A > B，直至 7 月份从表 6.4 和图 6.11 所示中可以看出对照样地梭梭长势要好于间伐地内梭梭长势；7—9 月份，对照样地内水分条件没有明显优势，在林分高密度下其林分梭梭长势凸显颓势，而此时随着间伐强度的增大，林内梭梭的长势也有明显的变化，间伐强度为 2m × 2m 的样地内梭梭新枝生长量最大可达 50cm 左右，远大于对照水平。

表 6.4　不同间伐处理下不同月份梭梭同化枝生长量

月份	样地	一级分枝	二级分枝	三级分枝
	CK	3.41 ± 0.97		
5 月	A	2.71 ± 1.15		
	B	4.45 ± 1.32	1.87 ± 0.06	

续表

月份	样地	一级分枝	二级分枝	三级分枝
7月	CK	9.75 ± 5.12	1.24 ± 0.76	
	A	7.93 ± 4.30	1.2 ± 0.85	
	B	5.51 ± 2.35	2.15 ± 2.39	
9月	CK	10.06 ± 3.48	3.74 ± 1.04	3.30 ± 2.14
	A	13.46 ± 1.24	5.74 ± 3.41	1.72 ± 0.98
	B	29.41 ± 12.53	10.85 ± 5.70	1.60 ± 1.18

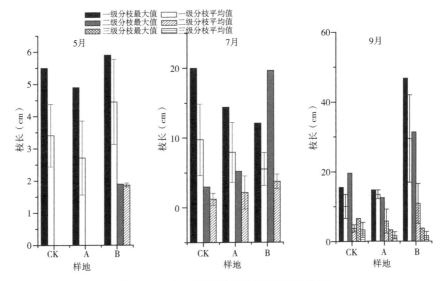

图 6.11　不同间伐处理下梭梭新枝生长

　　间伐处理有助于提高梭梭的单枝生物量，在一定程度上增大了梭梭的单株生产力。表 6.5 显示，3 块样地梭梭新生枝单枝鲜重分别为 3.47g、4.18g 和 7.79g，干重分别为 1.11g、1.29g、2.74g，说明随着间伐强度的增大，林地内梭梭保留株的生产力有所增大；除此之外，间伐处理也提高了梭梭的分蘖能力，不同间伐处理下梭梭的新枝二级分枝数与对照相比明显增多。

表 6.5 不同间伐处理下梭梭单枝生物量对比

样地	单枝鲜重（g）	单枝干重（g）	单枝含水率（%）	单枝二级分枝数	单枝三级分枝数
CK	3.47	1.11	212.47	7.00	1.13
A	4.18	1.29	223.34	9.38	0.50
B	7.97	2.74	190.49	12.50	1.00

6.2.3 间伐对梭梭人工林物种多样性的影响

物种多样性是衡量一个群落稳定性的重要指标之一，同时能够反映出这个植物群落的结构组成。沙地植物的分布与早春地表土壤水分分布有着密切的关系，水分条件越好，地表植被多样性也随之越丰富（王雪芹等，2003；王雪芹等，2012）。数据显示，间伐处理有效保持土壤表层水分含量，有助于林地内物种多样性的恢复。

由表 6.6 显示，间伐处理后，间伐林地内表层土壤水分明显提高。间伐后，梭梭残体中的枯枝落叶具有水分截留功能，同时可以遮阴减少地表蒸发，以达到保水的目的。林地内早春表层土壤水分的提高为林地内入侵植物的生长提供了有利条件，与对照相比，间伐林地内的植被盖度、物种多样性指数以及均匀度都有所增加。除此之外，林地内入侵植物的种类也有所增加，主要的植物有榴苞菊、齿稃草、尖喙、条叶庭芥、鹤虱、胡卢巴、角果藜，而沙米、黄芪、狼毒在样地内出现，但分布较少。

表 6.6 间伐前、后样地内物种多样性对比

样地	总盖度（%）	S=R（种）	H	E	表层土壤水分
间伐前	1.6	10	2.13	0.18	3.02
CK	1.7	10	2.02	0.15	3.14
A	2.1	12	2.18	0.16	3.51
B	2.5	13	2.27	0.21	4.22

6.3 人工补水措施对人工林的影响

6.3.1 人工林补水效果监测与评价

调水工程沙漠段地处内陆干旱区，大气降水是土壤水分的主要补给源，即，大气降水决定土壤水分的高低。土壤水分的年内变化主要由降水、地面与植物蒸发散之间的对比关系决定，前者起主导作用；而地表蒸发散的大小不仅由降水量决定，而且深受地面植被影响。随着人工植物群落年龄的增加，群落累计消耗的水分增加，土壤积存的水分被大量消耗，从而使得人工群落区土壤水分随群落年龄的增加而降低。前述章节证明在 5 年左右人工林根系层土壤水分达到最低点，此后人工植物由于对土壤水分的竞争加剧，出现死亡、大面积落枝、生长缓慢甚至停滞等现象，而此时有些人工植物区地面结皮和草本植物尚未完全恢复，而在工程段由于对工程防护的需要，死亡和大面积掉枝等现象不利于对工程的防护，因此对 5 年左右人工林出现大面积死亡、掉枝、生长缓慢甚至停滞现象时，需考虑在工程防护的重点地段进行适度的人工林补水，以保证人工林防护效果。

6.3.1.1 试验布置

无灌溉人工林设计的初衷是仅依靠自然降水维持生长的防护林，考虑补水措施是因为在局部地段，5 年龄以上人工林出现衰退迹象时，适当的补水用以在工程重点防护地段进行人工林生态演变的过渡措施。因此在设计补水方式时，考虑仅在干旱夏季进行 1~2 次的补水措施。

补水试验布置在已明显退化的 10 年龄免灌人工林中。选择相似立地条件的 3 处试验区。每个试验区按照试验设计的灌溉定额选择 10 株梭梭和沙拐枣，基本保证同组试验之前的植物生长状况基本相似，并挂牌记录。灌溉方式通过潜水泵抽取渠道水，滴灌方式（每滴头 3L/h）进行浇灌。灌溉时间选择在每年夏季 7 月中旬、8 月中旬各进行 1 次，灌溉周期为 1 个月 1 次，灌溉定额有 10L/ 株、15L/ 株、21L/ 株。定期对 3 个试验区不同灌溉方案的植物生长状况及土壤水分状况进行同步监测。

6.3.1.2　补水后沙地水分状况

（1）补水前后土壤水分变化。

如图 6.12 所示，分别列出了 2011 年、2012 年、2013 年 7 月补水 1 次前后的土壤含水率，15L/ 次为补水前 1.3 倍，21L/ 次为补水前 1.3 倍。在补水下渗过程中，土壤含壤水分变化。数据表明，10L/ 次的补水能够 24h 内渗透土壤表层 30~40cm，15L/ 次的补水能够 24h 内渗透土壤 60~70cm，21L/ 次的补水能够 24h 内渗透土壤表层 70~90cm。补水前后，10L/ 次的补水后 0~100cm 的土壤平均水分为补水前的 1.1 水率最高达到 8.04%。补水后 0~100cm 土壤水分均值分别为 21L/ 次＞ 15L/ 次＞ 10L/ 次，证明滴灌效果良好，对人工林水分补充上能够使得水分较为平均地补充到每个植株根部。相对而言，较动力扬水方式能够补水更充分，水分利用效率更高。

（2）补水后土壤水分年际变化。

补水灌溉明显提高了土壤水分含量，但不同灌溉条件对土壤水分垂直分布的影响不同。

由于是在每年夏季 7、8 两月对人工林进行补水，在 7 月和 8 月补水后呈现不同的变化规律。如图 6.13 所示，2011 年补水前，由于 3 种补水措施的地块具体立地条件和土壤沙粒度不同，初始的土壤水分也有所不同，经过 7 月、8 月各补 1 次水后，当年土壤水分变化规律性相似，土壤水分 8 月、9 月 0~100cm 均值大小分别依次为 10L/ 次＜ CK ＜ 21L/ 次＜ 15L/ 次；第 2 年 7 月补 1 次水后，8 月、9 月土壤水分均值发生了较

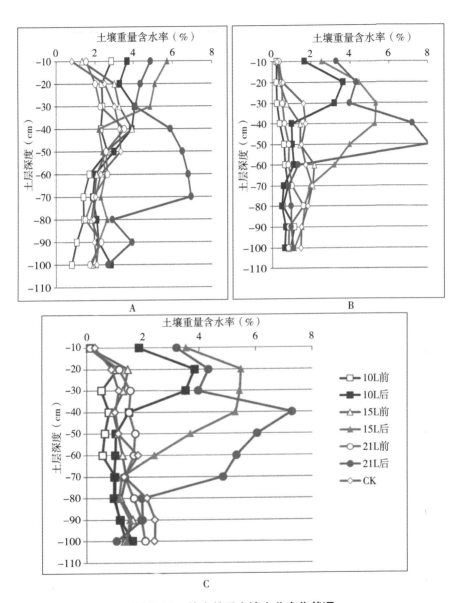

图 6.12 补水前后土壤水分变化状况

注: A 为 2011 年 7 月, B 为 2012 年 7 月, C 为 2013 年 7 月。10L 前表示单株补水 10L/ 次之前, 10L/ 次后表示单株补水 10L/ 次后, 15L/ 次和 21L/ 次同理, CK 表示没有补水对照组。

小的变化，分别为 10L/次 < CK < 15L/次 < 21L/次；第 3 年 7 月补 1 次水后，8 月、9 月土壤水分均值发生了较大的变化，分别为 CK < 10L/次 < 21L/次 < 15L/次。补水对土壤水分的影响在第 2 年以后逐渐表现出来。

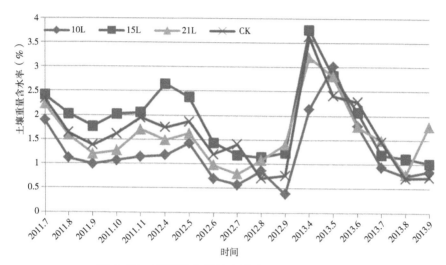

图 6.13　不同补水措施土壤水分年际变化状况

6.3.1.3　补水措施对植物生长的影响

（1）梭梭生长状况，如图 6.14 和图 6.15 所示。

补水灌溉对梭梭生长存在一定程度影响，但不同灌溉量的反应不尽相同，甚至还抑制了梭梭生长。2011 年试验区梭梭初始生长高度 8 月分别为 A89.5cm、B77cm、C61cm、CK76.5cm，经两年夏季补水灌溉后，8 月株高分别为 A65.6cm、B76.7cm、C53.5cm、CK64.5cm。虽然对照 CK 组株高也在下降，这与近年沙地水分走低，人工植物对土壤水分的竞争加剧有关，但 A 处理下降得更大，B 处理和 C 处理也有小幅下降。

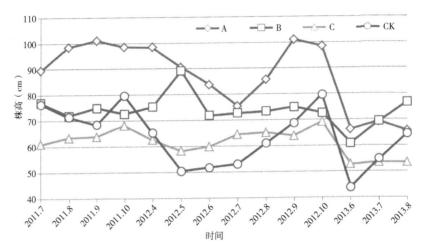

图 6.14 不同补水梯度下梭梭株高生长年变化

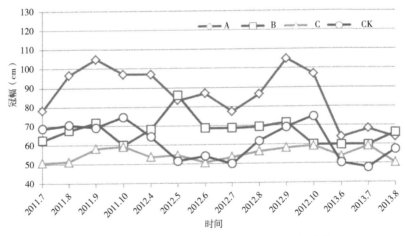

图 6.15 不同补水梯度下梭梭冠幅生长年变化

注：A 处理为 10L/（次·株），B 处理为 15 L/（次·株），C 处理为 21 L/（次·株），CK 为对照组。

在梭梭冠幅方面，同梭梭株高表现出相似的变化规律。略微不同的是，冠幅的年际变化差异幅度相对较小，株高变化差异幅度大可能与梭梭遭遇的鼠害有关。冠幅和株高的变化规律同样证明了梭梭浇水后，生长受到一定的抑制。

（2）沙拐枣生长状况。

补水灌溉对沙拐枣生长的影响与梭梭不同。从实验结果来看，在补水灌溉条件下，不同灌溉定额的沙拐枣生长状况差异显著。

2011年试验区沙拐枣初始生长高度8月分别为A129.4cm、B114.4cm、C107.9cm、CK100.9cm，经两年夏季补水灌溉后，8月株高分别为A143.7cm、B122.6cm、C123.5cm、CK110.6cm，如图6.16所示。各组处理影响下，沙拐枣株高都有明显增长。其中，未补水对照组生长量最低，最高为10L/（次·株），而21L/（次·株）不是最高，与沙拐枣生长的初始值有关，从初始至浇水2年后生长差异来看，21L/（次·株）的差异最大。

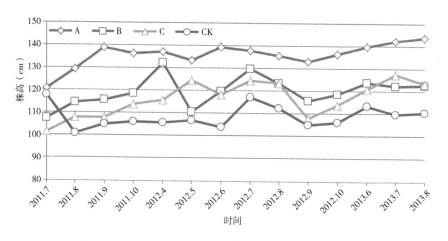

图6.16 不同补水梯度下沙拐枣株高生长年变化

在沙拐枣冠幅方面，所有补水条件下的沙拐枣冠幅均高于对照，但不同灌溉定额条件下，存在一定差异。其中10L/（次·株）的冠幅均明显高于其他处理组，这与该组初始生长量较大有关。同时，初始值最小的21L/（次·株）处理下的沙拐枣株高和冠幅经过2年的灌溉，生长量逐渐超过对照和15L/（次·株）处理下的沙拐枣，说明补水对沙拐枣起到了促进生长的作用，同时需经过 2 年以上时间才能慢慢体现出来，如图 6.17 所示。

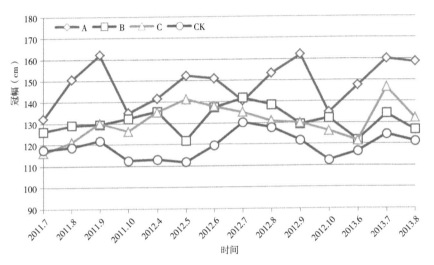

图 6.17　不同补水梯度下沙拐枣冠幅生长年变化

注：A 处理为 10L/（次·株），B 处理为 15 L/（次·株），C 处理为 21 L/（次·株），CK 为对照组

6.3.2　补水前后林下草本植物恢复状况

6.3.2.1　补水前草本植物分布概况

无灌溉造林是基于在工程剥离后的裸露沙面上进行的，人工林栽植时沙表面基本没有草本植物，随着时间的推移，自然生境中的短命类短命植物开始进入人工防护体系，最初是先入侵离自然沙垄最近的草方格，慢慢从草方格—自然沙垄交界处边缘向公路推移式覆盖。

表 6.7 中是 2011 年 6 月初，补水灌溉前对 3 个试验区进行调查，3 个试验区中共出现 12 种短命类短命植物（编号 1、2、3、4 草方格为 1m×1m 草方格，靠近自然沙垄的垄顶，5、6、7、8 则为坡中草方格，9、10、11、12 为坡下至路边的草方格），分布情况距自然沙

垄较近的坡顶分布草本植物较多，其次是坡中，坡中下至路边草本植物较少，基本在 1m×1m 草方格中只有 2~3 种植物，有的甚至没有草本植物分布。

表 6.7　人工林中出现的草本植物名录

编号	种名	拉丁名
1	沙米	*Agriophyllum squarrosum*
2	尖喙牻牛儿苗	*Erodium oxyrrhynchum M.B.*
3	鹤虱	*Lappula rupestris*
4	琉苞菊	*Hyalea pulchella （Ledeb.） C.Koch.*
5	扭果荠	*Seriphidium terrae-albae*
6	旱麦草	*Eremopyrum orientale （L.）*
7	虫实	*Corispermum lehmannianum Bge.*
8	条叶庭芥	*Alyssum linifolium*
9	三芒草	*Aristida heymannii Regel*
10	黄芪	*Astragalus oxyglottis*
11	角果藜	*Ceratocarpus arenarius L.*
12	沙生千里光	*Senecio subdentatus*

由表 6.8 可看出，在人工林内较接近自然沙垄的垄顶处，物种分布多，但单优种多，因此均匀度相对低，Shannon 指数较高，而 Simpson 指数较低；而相对较远的坡中则物种相对较低，同时单个物种的种数相对较低且均衡，因此均匀度较高，Shannon 指数较高，而 Simpson 指数较高；而最远的坡下至路边则物种相对最少，同时单个物种的种数相对也少，因此均匀度较高，Shannon 指数较高，而 Simpson 指数较高。由于 1、2 草方格的物种一个为 0，一个为 1，故 Shannon 指数、Simpson 指数、均匀度无法计算。

表 6.8 2011 年补水前试验区草本植物生物多样性指数

序号	物种	个数	Simpson	Shannon	均匀度
1	0	0	—	—	—
2	1	6	—	—	—
3	3	13	0.29	0.77	0.49
4	2	11	0.18	0.44	0.44
5	3	5	0.7	1.37	0.87
6	4	6	0.8	1.79	0.9
7	5	5	1	2.32	1
8	3	3	1	1.59	1
9	6	43	0.49	1.44	0.56
10	4	85	0.22	0.68	0.34
11	4	72	0.31	0.82	0.41
12	4	48	0.12	0.44	0.22

6.3.2.2 补水后人工林生物多样性分布

2013 年 6 月对补水后试验区进行了草本植物调查（表 6.9 和表 6.10），分别对坡底、坡中、坡顶进行调查，发现共出现 18 种入侵草方格草本植物，较 2011 年补水前增加了 50% 的物种。

表 6.9 人工林中出现的草本植物名录

编号	种名	拉丁名
1	沙拐枣幼苗	*Calligonum leucocladum*
2	沙米	*Agriophyllum squarrosum*
3	尖喙牻牛儿苗	*Erodium oxyrrhynchum M.B.*
4	鹤虱	*Lappula rupestris*
5	琉苞菊	*Hyalea pulchella（Ledeb.）C.Koch.*
6	扭果荠	*Seriphidium terrae-albae*
7	条叶庭芥	*Alyssum linifolium*

编号	种名	拉丁名
8	黄芪	*Astragalus oxyglottis*
9	角果藜	*Ceratocarpus arenarius L.*
10	莴苣	*Lactuca tatarica*
11	刺沙蓬	*Salsola ruthenica Iljin*
12	齿稃草	*Schismus arabicus Nee*
13	尖花天芥菜	*Heliotropium acutiflorum Kar. et Kir.*
14	小花荆芥	*Nepeta micrantha Bunge*
15	胡卢巴	*Trigonella tenella*
16	狼紫草	*Arnebia* sp.
17	角茴香	*Hypecoum parvifiorum*
18	蓝刺头	*Echinops gmelinii Turcz.*

表 6.10　2013 年补水后试验区草本植物生物多样性指数

序号	物种			个数			Simpson			Shannon			均匀度		
补水(L/次)	10	15	21	10	15	21	10	15	21	10	15	21	10	15	21
1	4	7	8	14	19	23	0.6923	0.7895	0.8379	1.6894	2.3532	2.5832	0.8447	0.8382	0.8611
2	8	6	5	25	16	15	0.7733	0.8083	0.8095	2.4173	2.2516	2.1493	0.8058	0.8710	0.9256
3	8	7	4	17	35	13	0.9044	0.7580	0.5256	2.8666	2.2905	1.3520	0.9555	0.8159	0.6760
4	6	6	6	29	35	24	0.7857	0.7445	0.4855	2.2516	2.1970	1.3563	0.8711	0.8499	0.5842
5	8	8	5	50	48	31	0.7967	0.7083	0.5140	2.5895	2.1901	1.4139	0.8632	0.7301	0.6089
6	4	4	5	18	31	31	0.7124	0.5785	0.6602	1.7642	1.4758	1.7410	0.8821	0.7379	0.7498
7	4	5	5	35	33	7	0.6151	0.6572	0.6667	1.5851	1.8040	1.3788	0.7925	0.7769	0.8699
8	6	7	5	38	37	13	0.6117	0.6967	0.6795	1.8162	2.0011	1.6692	0.7026	0.7128	0.8346
9	8	11	6	31	52	14	0.7742	0.6554	0.8132	2.3860	2.2856	2.2638	0.7953	0.6607	0.8758

注：编号 1、2、3 代表坡底，4、5、6 代表坡中，7、8、9 代表坡顶。

从数据上看，物种较 2011 年补水前明显增多。均匀度明显增加，补水前最高 0.87，一般情况下，均匀度在 0.2~0.5，补水后均匀度值明显增高，一般在 0.6 以上，表明草本植物在坡中、坡底、坡顶分布更加均匀，草本植物已延伸至距自然沙垄较远的坡底分布。由于均匀度的明显提高，Simpson 指数和 Shannon 指数也有不同程度的提升。Simpson 指数中，10L/ 次处理组的指数较补水前提高 45%，15L/ 次处理组的指数较补水前提高 39%，21L/ 次处理组的指数较补水前提高 30%，而 Shannon 指数中，10L/ 次处理组的指数较补水前提高 84%，15L/ 次处理组的指数较补水前提高 79%，21L/ 次处理组的指数较补水前提高 52%。这种补水量越多反而多样性指数越小的关系，只是表面现象，这与均匀度有关，因为均匀度各样方均值为 10L/ 次 > 15L/ 次 > 21L/ 次。21L/ 次处理组草本植物分布状况是单优势种个数分布较多，物种数偏少，而 10L/ 次处理组为物种数较多，总体个数较少，所以形成上述多样性指数与浇水定额的负相关关系。

总体来讲，浇水后草本植物入侵年际变化缓慢，2 年后出现了显著的多样性变化，物种增多，单位面积株数提高较多。不同浇水定额处理组之间差异不大。补水前后不同立地条件的多样性变化较大，补水前坡底草本植物分布几乎没有，坡中稀少，坡顶稍多；补水后坡底草本植物分布较多，坡中与坡顶分布均匀。这与补水润湿了土壤表层 0~30cm 土层有关，润湿该土层后，一方面激活了表层土壤中的种子库，一方面给萌芽的种子补充了足够的水分，提高了草本植物种子的萌发概率。

6.3.3　补水措施技术总结

6.3.3.1　进行补水措施的总体原则

无灌溉人工林补水主要基于 3 种原因：① 5 年龄以上出现严重退化现象，同时防护地段沙地尚未恢复到固定 – 半固定状态时；②工程重点防护地段，短时间内人工林自然生长无法到达既定防护目标，且又急需对工程进行生态防护时；③防护林已建成，由于外界作用干扰等因素，防护体系受到严重破坏，60% 以上植株根系尚保持有活力，需快速进行恢复时。因此，在新疆北部沙漠及其相似环境条件下对免灌人工林进行补水措施时，需考虑的原则主要有以下几条：

①对正常生长的 0~5 年龄的人工林无须考虑补水措施。

②对不是用于重大工程防护或特殊用途的免灌人工林无须考虑补水措施。

③严禁借补水名义对生态林进行任何人为破坏活动。

6.3.3.2 补水技术

（1）节水滴灌技术。

干旱的气候条件以及沙区复杂的地形条件决定了灌溉只能采取节水、易于管理控制的滴灌方式。实际上，目前在干旱区的防护林工程多采用这种方式。滴灌系统的设计应根据规划区的地形以及水源状况等因素综合考虑。在新疆北部引水工程沿线，可方便地从渠道进行泵式抽水；采用水车拉水浇灌存在费用高、人力物力浪费严重，大面积浇灌比较慢等缺点；水车动力扬水存在扬程太小，近处浇水太多，远处水喷射不到，浇水不够均一等缺点；单株穴状浇水效果好，但不好实现，需很多人力参与。滴灌是一次性投入，后续的管理和操作简单，人为对防护体系的破坏小，因此滴灌是最简单易行的办法。滴灌器应采用补偿式，在流动沙地流量不小于 3L/h。

（2）补水时间。

在干旱区一般在春季或秋季造林，春、夏、秋季均可补水。补水时间的选择必须根据实际情况灵活掌握，当任务量大时，尽可能 3 个季节都进行，以减轻时间压力，保证补水任务顺利完成。梭梭和沙拐枣的补水定额和时间把握不同。梭梭耐干旱，但不喜水多。即便是沙地，水浇多了也会对梭梭生长形成抑制。因此，新疆北部梭梭补水尽可能在春季解冻后至梭梭萌芽前进行 1~2 次比较足的灌水，夏季 6 月底至 7 月初进行 1 次，7 月底至 8 月初进行 1 次，一年最多 3~4 次即可，次数再多易导致梭梭生长抑制或得白粉病。

沙拐枣较梭梭耐湿，水多浇对生长影响不大。因此，视具体情况灵活掌握，如需沙拐枣有较大的生物量，可每月浇 1~2 次透水，如只需沙拐枣活着有绿量即可，那就同梭梭的补水量，1 年 3~4 次也可。

同时，补水具体时间，夏季时间需在晚 6 点至早 10 点前进行，春秋季 24h 均可进行。

（3）补水量。

如滴头滴量为 3L/h 时，则梭梭补水量一次在 5~7h 均可。沙地情况下，15~21L 的水可在 24h 内渗透到沙地 60~100cm 深度，到达人工梭梭林主根系层。而超过 7h 补水时间的话，沙地最高含水率在 5%~8%，这对梭梭的根系是不利的，梭梭根系不耐水泡，超过 7h 的浸泡会伤及根系表面的保护层。因此滴灌条件下，梭梭补水 3L/h，最大滴时在 7h，不超过 21L/ 次为宜。

沙拐枣根系相对梭梭较浅，但根系幅面较大，滴量小时水分能渗透到根系层，但渗透覆盖度不够。滴量 3L/h 时，5h 滴灌能覆盖 80cm 的宽度，因此沙拐枣滴量最小为 15L，浇足水须在 21~30L/ 次。

（4）其他注意事项。

抽水的潜水泵，需用较细的滤网进行包裹，因穿越沙漠段的水渠含沙量是较大的，同时还有很多绿藻，不对泵进行包裹的话，泵很快会损坏，同时滴灌毛管不久也会堵塞；每次滴灌完毕后，要将毛管头打开，利用泵的压力将堆积在毛管内的泥沙和绿藻等填塞物冲刷一遍，以利于下次的顺利浇灌。

7 无灌溉人工林植被恢复效果评价

7.1 无灌溉人工林种群空间分布格局

7.1.1 种群空间分布

样地包括了在沙漠地区生态重建时采取的 2 种主要建植措施（梭梭＋沙拐枣混交林、梭梭纯林）和 2 种主要地形（平地和坡地）及自然沙荒地作为对照，5 个样地间均在该区域沙漠土立地条件人工林及附近的自然荒地选取。空间分布点图如图 7.1 所示。

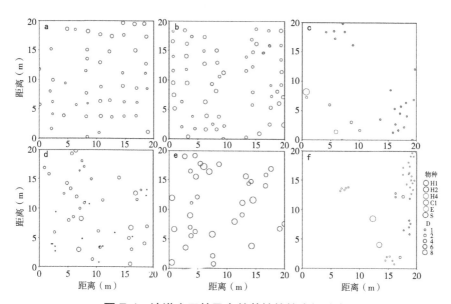

图 7.1 沙漠人工林及自然荒地梭梭空间分布

注：图 7.1a 为 2002 年种植人工林样地 G1，图 7.1b 为 2002 年种植人工林样地 G2，图 7.1c 为自然荒地 G6，图 7.1d 为 2008 年种植人工林样地 G4，图 7.1e 为 2008 年种植人工林样地 G5，图 7.1f 为自然荒地样地 G3。H1 为种植梭梭，H2 为梭梭更新幼苗，H4 为白梭梭、C1 为头状沙拐枣、E 为蛇麻黄、S 为白茎绢蒿。D 表示个体地径大小（单位 cm）

从图 7.1 中可以看出，2002 年种植的梭梭＋沙拐枣人工林平地（图 7.1a）中，人工梭梭林中沙拐枣已全部死亡，梭梭分布相对规则，但林下未见梭梭幼苗的更新。2002 年种植的梭梭＋沙拐枣人工林坡地（图 7.1b）中，人工梭梭林中梭梭已所剩不多，沙拐枣分布相对规则，林下也没有梭梭幼苗的更新；2008 年种植的梭梭纯林平地（图 7.1d）中，梭梭林分布相对分散，个别行还能看出零星的行间分布，有少量梭梭幼苗更新；2008 年种植坡地地形（图 7.1e），梭梭分布相对稀疏，但地径生长偏大，林下未见梭梭幼苗更新；自然荒地平地地形（图 7.1c）中，有个别白梭梭和沙拐枣分布，白茎绢蒿分布较多；自然荒地坡地地形（图 7.1f），在坡中上部 10~15m 位置有个别白梭梭和沙拐枣分布，有较多数量的蛇麻黄分布。在分别经历 20 年和 14 年近自然（无灌溉）生长后，沙漠立地条件下人工梭梭林，仅在一处样地中发现有梭梭幼苗的少量更新，说明沙地条件下人工梭梭林的幼苗更新在经历 14~20 年时间中，其幼苗更新能力还是较弱的，在空间结构上并未形成人工灌木林＋自然更新灌木的两层灌木层片结构。

7.1.2 种群空间分布格局

2002 年种植的梭梭＋沙拐枣人工林平地（图 7.2a）中，梭梭＋沙拐枣种群在 0~0.8m 尺度上为随机分布，0.8~2.3m 尺度上表现为均匀分布，在 ≥ 2.3m 尺度上表现为随机分布；2002 年种植的梭梭＋沙拐枣人工林坡地（图 7.2b）中，梭梭＋沙拐枣种群在 0~0.7m 尺度上为随机分布，0.7~1.4m 尺度上表现为均匀分布，在 ≥ 1.4m 尺度上表现为随机分布；2008 年种植的梭梭纯林平地（图 7.2d）和坡地中，梭梭种群在 0~5m 尺度上均为随机分布；自然荒地平地地形（图 7.2c）中，白梭梭种群在 0~3.6m 尺度上为随机分布，在 3.6~5m 尺度上为集群分布。自然荒地坡地地形（图 7.2f），白梭梭种群在 0~0.5m 尺度上为随机分布，在 0.5~5m 尺度上为集群分布。

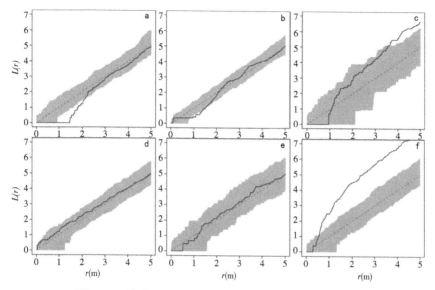

图 7.2　沙漠人工林及自然荒地梭梭种群空间分布格局

注：图 7.2a 为 2002 年种植人工林平地样地，图 7.2b 为 2002 年种植人工林坡地样地，图 7.2c 为人工林旁自然荒地平地，图 7.2d 为 2008 年种植人工林平地样地，图 7.2e 为 2008 年种植人工林坡地样地，图 7.2f 为自然荒地坡地样地

　　沙漠自然荒地样地内，由于样地选择沙丘坡地和沙丘间平地，仅监测到自然分布的白梭梭种群。白梭梭种群分别在 0.5m 和 3.6m 之后呈现较强的集群分布特征，且随着距离的增加，聚集强度有增大的趋势。说明平地更有利于低矮类灌木（绢蒿）和白梭梭呈现随机分布的态势。而坡地地形条件下，土壤水分的分布随地势变化，土壤水分异质性增强，灌木幼苗在大灌木周边有沟壑、缝隙和坑洼处停留（0.5~5m 尺度），从而形成聚集分布态势。总体来讲，白梭梭种群在沙坡地聚集强度更大，平沙地较弱。然而 2002 年种植林龄人工林，由于保存率高，个体间分布在部分尺度（0.8~2.3m、0.7~1.4m）呈现了均匀分布的态势，这与人工林种植模式 2m×1m 有关，同时也侧面说明该种年限的人工林保存率相对较好。2008 年种植林龄人工林，全部为随机分布，该人工林在 14 龄期尚未表现出向集群分布过渡的态势，同时也没有出现均匀分布，从

而也侧面说明，梭梭纯林仍处于演替上升期，较 2002 年种植梭梭 + 沙拐枣混交林保存率低。

7.1.3　种群空间关联性

因 2002 年种植人工林内，平地样地已无沙拐枣，坡地内仅有少量梭梭，因此图 7.3a 和图 7.3b 均表现为种植梭梭和种植沙拐枣无关联性，可能是由于平地地形条件下，深根性的梭梭更有竞争力，而坡地地形条件下，有水平根系的沙拐枣表现出了更强的竞争性；2008 年种植人工林为梭梭纯林，平地内有少量更新的梭梭幼苗，而坡地地形下仅有 1 株野生沙拐枣的更新苗，图 7.3d 表明种植梭梭和梭梭幼苗在 0~5m 尺度范围无显著关联。图 7.3e 表明种植梭梭和沙拐枣幼苗在 0~5m 尺度范围无

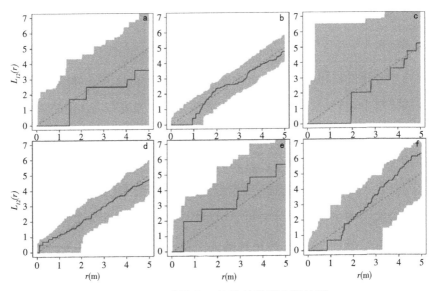

图 7.3　沙地人工梭梭林种群空间关联

注：图 7.3a 为 2002 年种植人工林平地地形内梭梭和沙拐枣关联性分析，图 7.3b 为 2002 年种植人工林坡地地形梭梭和沙拐枣关联性分析，图 7.3c 为自然荒地平沙地白梭梭和沙拐枣关联性分析，图 7.3d 为 2008 年种植人工林梭梭和梭梭幼苗关联性分析，图 7.3e 为 2008 年种植人工林梭梭和沙拐枣关联性分析，图 7.3f 为自然荒地坡地白梭梭和沙拐枣关联性分析。

显著关联。说明按照 2 行距 1m 株距种植的梭梭纯林，株行间的梭梭幼苗或沙拐枣幼苗尚未形成较强的竞争关系。有幼苗更新方面仍有较大的恢复潜力空间。自然荒地样地平沙地和坡地内（图 7.3c、f）表明白梭梭和野生沙拐枣，在 0~5m 尺度上是无相关性的，主要原因是在自然沙地，灌木稀疏分布，大部分为发育良好的结皮和盖度较高的草本，结皮和草本截留了土壤水分，从而表现出典型平沙地"稀疏灌木 + 草本 + 发育良好的结皮"的原生群落特征。

7.2 无灌溉人工林群落特征

7.2.1 人工林保存率及覆盖度

2008 年建植的人工林为梭梭纯林，建植方式为免灌溉造林，以调查时间为基准已建植 14 年，无论是坡地还是平地人工林保存率水平均较低，其中坡地人工林保存率为（19.5 ± 8.2）% 好于平地（17.5 ± 4.4）%，主要是由于沙漠地区平地土壤水分条件好于坡地。

表 7.1　梭梭人工林保存率及覆盖度

样地编号	种植或自然分布灌木物种	地形	种植模式（株距/m×行距/m）	初植/自然密度（株/hm²）	3 龄保存率（%）	2021 年保存密度（株/hm²）	2021 年保存率（%）	2021 年盖度（%）
G1	梭梭 + 沙拐枣	平地	1m×2m	5000	81.0	1250 ± 264	25 ± 5.3	17.6 ± 1.1
G2	梭梭 + 沙拐枣	坡地	1m×2m	5000	83.0	1950 ± 173	39 ± 3.5	23.3 ± 2.2
G3	白梭梭、蛇麻黄、沙拐枣	平地	自然分布	1325	—	—	—	6.9 ± 1.6
G4	梭梭	平地	1m×2m	5000	40.0	975 ± 411	19.5 ± 8.2	17.5 ± 2.5
G5	梭梭	坡地	1m×2m	5000	38.3	875 ± 222	17.5 ± 4.4	18.0 ± 2.1
G6	白梭梭、沙拐枣	平地	自然分布	1075	—	—	—	22.2 ± 1.5

2002 年建植的人工林为梭梭和沙拐枣混交林，建植方式为免灌溉造林，以调查时间为基准已建植 20 年，表 7.1 显示混交林人工林的保存率坡地可达到（39±3.5）%，平地为（25±5.3）%。

对比 2008 年建植的梭梭纯林和 2002 年建植的梭梭、沙拐枣混交林的人工林保存率，混交林保存率明显高于存林，而且从保存株上对比发现 2008 年建植的梭梭纯林保存密度平地为（975±411）株 /hm^2，坡地为（875±222）株 /hm^2，均低于自然分布条件下灌木的分布密度 1075 株 /hm^2，而 2002 年建植的混交林保存密度平地为（1250±264）株 /hm^2，坡地为（1950±173）株 /hm^2，自然分布条件下灌木的分布密度较为接近，说明梭梭、沙拐枣混交林更利于生境条件资源的分配，尤其对土壤水分的利用效率更高。

7.2.2 人工梭梭林基茎结构分析

2002 年种植的人工林无论在坡中还是平地都未见梭梭幼苗的更新，梭梭林径级呈正态分布，平地地形下平均基径为（3.61±1.43）cm，变异系数为 0.40（图 7.4）。坡地地形平均基径为（3.94±1.34）cm，变

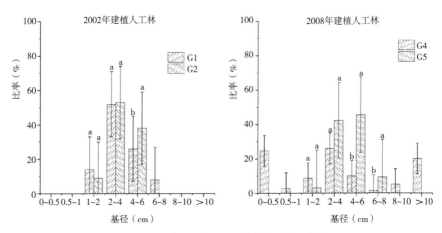

图 7.4 沙漠梭梭人工林基径龄级分布

异系数为 0.34，说明坡地较平地梭梭基茎分布更均衡。2008 年种植的人工林在平地出现了更新的梭梭幼苗，400m² 调查样方内数量为 19 株，远远低于砾漠和壤漠样方中梭梭更新苗的数量，而坡地上均未见梭梭幼苗，说明沙漠地区生境条件不利于梭梭的自然更新。

7.2.3 人工林枯枝状况

图 7.5 显示，沙漠地区 2002 年建植的梭梭、沙拐枣混交林中梭梭枯枝率整体低于 2008 年建植的梭梭纯林，结合两个种植年限下的梭梭保存率，有力地说明了混交林更有利于人工林可持续性发展。

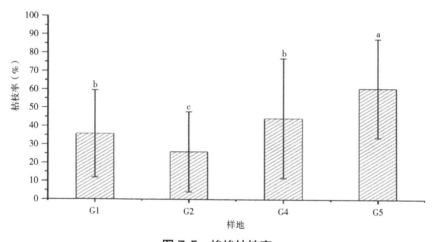

图 7.5 梭梭枯枝率

2002 年建植的梭梭混交林中平地的梭梭枯枝率为（35.59±23.82）% 高于坡中（25.85±21.78）%，平地中混交林沙拐枣几乎全部死亡，梭梭分布相对规则，坡地混交林梭梭已所剩不多，沙拐枣分布相对规则，平地中梭梭以种内竞争为主，竞争更为激烈，而坡地梭梭以种间竞争为主，竞争稍缓，尽管坡地灌木保存率和盖度都高于平地，但是坡地土壤水分资源分配更为合理，灌木长势表现更好。

2008 年建植的梭梭纯林中坡地的梭梭枯枝率（60.50±26.97）% 高于平地（44.19±32.66）%，对于梭梭纯林肯定以种内竞争为主，资源优越的区域梭梭长势也会越好，沙漠地区平地的土壤水分条件是最好的，因此梭梭枯枝率也相对较低。

7.2.4 林下物种多样性

如表 7.2 所示，2002 年种植的人工林林下物种多样性 R 和 H 指数 G1 和 G2 显著大于对照样地 G3，R 指数 G1（2.0±0.14）> G2（1.82±0.31）> G3（0.89±0.73），H 指数 G1（1.72±0.13）> G2（1.60±0.35）> G3（0.73±0.58）；D 和 E 指数在 3 块样地之间无显著性差异，在大小上均为 G1 > G2 > G3。因此，02 年种植的人工林有助于提高林下物种多样性。如图 7.6 所示，08 年种植的人工林林下物种多样性 R、D、H、E 指数在 G1、G2 和 G3 的 3 块样地之间均无显著性差异，R、D 和 H 指数在大小上均为 G2 > G1 > G3，E 指数在大小上为 G1 > G2 > G3，也说明 2008 年种植的人工林也有助于提高林下物种多样性。

表 7.2 梭梭人工林群落物种多样性

多样性指数	样地						平均值
	G1	G2	G3	G4	G5	G6	
R	2.68 a	2.33 a	1.42 a	2.93 a	2.39 a	2.86 a	2.44±0.51
D	0.84 a	0.87 a	0.45 a	0.84 a	0.84 a	0.73 a	0.76±0.15
H	2.15 a	2.26 a	0.94 a	2.13 a	2.15 a	1.74 a	1.90±0.46
E	0.76 c	0.83 a	0.45 f	0.75 d	0.80 b	0.60 e	0.70±0.13

7.2.5 林地物种重要值

沙漠人工林群落中各物种的重要值见表 7.3。由表可知，4 块样地共统计到 29 种植物。2002 年造林平地人工林共分布有植物 16 种，以尖喙牻牛儿苗（*Erodium oxyrhinchum*）和胡卢巴（*Trigonella foenum-graecum*）为优势种，重要值分别为 0.2520 和 0.1398。2002 年造林坡地人工林共分布有植物 15 种，优势物种四齿芥。2002 年自然样地共有植物 8 种，优势种为苔草（*Carex spp*）、泡果沙拐枣（*Calligonum junceum*）和尖喙牻牛儿苗（*Erodium oxyrhinchum*），重要值分别为 0.3461、0.2328 和 0.2043。2008 年造林平地人工林共分布有植物 17 种，以尖喙牻牛儿苗（*Erodium oxyrhinchum*）、刺沙蓬（*Salsola ruthenica*）和四齿芥（*Etracme quadricornis*）为优势种，重要值分别为 0.2124、0.1684 和 0.1681；2008 年造林坡地人工林共分布有植物 15 种，优势物种为尖喙牻牛儿苗（*Erodium oxyrhinchum*）和四齿芥（*Etracme quadricornis*），重要值分别为 0.2556 和 0.1743；2008 年自然样地共有植物 8 种，尖喙牻牛儿苗（*Erodium oxyrhinchum*）和条叶庭荠（*Alyssum linifolium*）为优势物种，重要值分别为 0.2354 和 0.2331。

表 7.3 梭梭人工林群落物种重要值

物种	拉丁学名	2002 年造林地		自然样地	2008 年造林地		自然样地
		样地位置			样地位置		
		G1	G2	G3	G4	G5	G6
东方旱麦草	*Eremopyrum orientale*	0.029	0.165	0.053	0.058	0.079	0.059
画眉草	*Eragrostis pilosa*	0.075	0.092				
黄花软紫草	*Arnebia guttata*	0.064			0.042	0.046	
胡卢巴	*Trigonella foenum-graecum*	0.139		0.032			
条叶庭荠	*Alyssum linifolium*	0.042	0.252		0.032	0.033	0.233
尖喙牻牛儿苗	*Erodium oxyrhinchum*	0.252	0.102	0.204	0.22	0.256	0.235
狼毒	*Stellera chamaejasme*	0.055	0.011		0.012	0.049	0.009

物种	拉丁学名	2002 年造林地 样地位置		自然样地	2008 年造林地 样地位置		自然样地
		G1	G2	G3	G4	G5	G6
梭梭	*Haloxylon ammodendron*	0.125			0.191		
刺沙蓬	*Salsola ruthenica*	0.069	0.018	0.026	0.168	0.092	0.088
黄芪	*Astragalus membranaceus*	0.032	0.077		0.032	0.032	0.009
角茴香	*Hypecoum erectum*	0.033	0.009			0.027	0.009
莴苣	*Lactuca sativa*	0.017	0.081			0.009	
滨藜	*Atriplex patens*	0.009			0.014		0.019
鹤虱	*Carpesium abrotanoides*	0.047	0.021		0.11	0.075	0.037
独行菜	*Lepidium apetalum*	0.012		0.079			0.011
琉苞菊	*Hyalea pulchella*		0.039			0.008	0.041
虫实	*Corispermum hyssopifolium*		0.052	0.038		0.029	
弯曲四齿荠	*Tetracme recurvata*		0.045		0.064	0.058	
沙戟	*ChrozopHora sabulosa*		0.009				0.009
薹草	*Carex* spp.			0.346		0.174	0.125
白皮沙拐枣	*Calligonum leucocladum*			0.222			
紫草	*Lithospermum erythrorhizon*		0.027				
沙米	*AgriopHyllum squarrosum*				0.023		
角果藜	*Ceratocarpus arenarius*				0.012		
沙生千里光	*Senecio subdentatus*				0.01	0.025	0.019
猪毛菜	*Salsola collina*				0.012	0.008	
独尾草	*Eremurus anisopterus*						0.014
蒙古韭	*Allium mongolicum*						0.009
蛇麻黄	*EpHedra sinica*						0.074
		1.000	1.000	1.000	1.000	1.000	1.000

7.2.6 草本及结皮覆盖度

由于样本量大，为了减少工作量，同时地衣结皮和苔藓结皮颜色比较接近，因此我们将地表覆被分为林下植被、结皮、裸沙＋枯落物 3 类。按照覆盖度由高到低可将沙漠结皮盖度划分为 4 个类型，分别为结皮覆盖度优的 ≥ 60%，属于良的为 ≥ 40% 和 < 60%，覆盖度居中的为 ≥ 20% 和 < 40%，覆盖度较差的为 < 20%（图 7.6、图 7.7）。根据吴林，张元明等研究，古尔班通古特沙漠的总体结皮盖度在（41.34 ± 16.45）%，其中较接近本研究区的东南部结皮盖度为（78.95 ± 14.78）%，这与本研究调查结果基本一致，其中自然沙荒地的 G3 样地和 G6 样地，结皮盖度分别达到了（54.61 ± 11.1）% 和（40.75 ± 15.00）%。

林下植被盖度方面，依次表现为 G6 > G5 > G1 > G2 > G4 > G3。草本盖度仍然体现出种植年限较长的 G1 和 G2 样地总体大于 G4 和 G5 样地，说明 20 龄人工林较 14 龄人工林草本恢复好。同时自然样地中平地 G6 较坡地 G3 的盖度高，说明平地地形下，更有利于草本植物种子分布和生长。

各样地结皮盖度依次表现为 G3 > G1 > G6 > G2 > G1 > G5 > G4。种植年限 20 龄的人工林（G1、G2）结皮盖度恢复较好，分别达到了 43.26 ± 23.82、38.051 ± 27.287，而种植年限 14 龄的人工林（G4、G5）结皮盖度较低，分别为 12.138 ± 12.992、15.89 ± 8.47，可能是种植年限影响了结皮的恢复进程。从地形来看，平地地形的人工林 G1、G4 分别恢复到了自然平沙地 G6 结皮盖度的 106.15% 和 29.79%，差异明显。而坡地地形下，G2、G5 分别恢复到了自然沙坡地 G3 结皮盖度的 69.68%

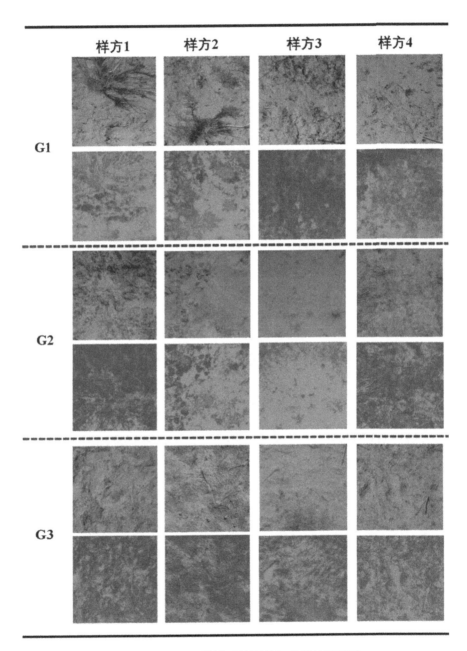

图 7.6   G1~G3 样地原始照片与分类处理图片

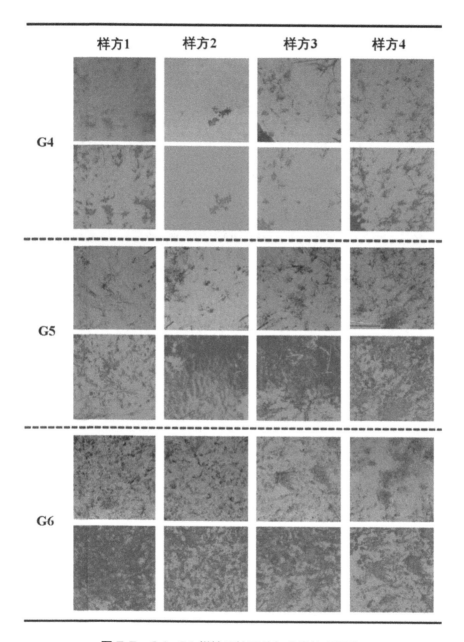

图 7.7　G4~G6 样地原始照片与分类处理图片

和 29.09%，即平地地形下，结皮盖度恢复更好，同时 20 龄人工林的恢复较 14 龄人工林好（表 7.4）。

表 7.4　沙漠人工林及自然沙地地表覆盖度

样地编号	类别	kappa 系数	总体精度（%）	面积占比（%）
G1	裸沙及枯落物	0.993 ± 0.007	99.4 ± 0.6	47.746 ± 21.518
	植被			8.994 ± 5.526
	结皮			43.262 ± 23.823
G2	裸沙及枯落物	0.994 ± 0.006	99.7 ± 0.3	55.049 ± 28.079
	植被			6.902 ± 3.599
	结皮			38.051 ± 27.287
G3	裸沙及枯落物	0.989 ± 0.011	99.7 ± 0.3	43.287 ± 9.279
	植被			2.107 ± 3.627
	结皮			54.605 ± 11.1
G4	裸沙及枯落物	0.998 ± 0.002	99.7 ± 0.3	82.580 ± 14.918
	植被			5.282 ± 2.285
	结皮			12.138 ± 12.992
G5	裸沙及枯落物	0.993 ± 0.007	99.5 ± 0.5	73.304 ± 17.153
	植被			10.808 ± 9.438
	结皮			15.889 ± 8.465
G6	裸沙及枯落物	0.984 ± 0.006	99.0 ± 1.0	47.008 ± 13.726
	植被			12.240 ± 4.087
	结皮			40.752 ± 15.000

7.3　无灌溉人工林植被恢复生态效应评价

生态脆弱区的人类扰动，包括工程施工（钱亦兵，2001）、过牧（Rong Y，2014）及地下水过度开采（Cao L，2021）等通常会对生态系统产生较大的影响，使地表裸露，生物多样性降低，土壤侵蚀加剧（Forman R T T，2000），从而影响生态系统的正常功能（Devkota S，2019）。因此，在准噶尔盆地周边生态敏感地区，对不同立地条件恢复多年后的人工林恢复效果评价，对于预防生态生态系统退化极为重要。

为扭转荒漠生态退化趋势，新疆乃至全国已采取多种利用梭梭恢复生态的措施，如针对砾漠采用的微地形改造 + 土壤重构 + 梭梭混交林种植措施、针对壤漠采取的微地形改造 + 梭梭纯林种植等措施、针对沙漠采取梭梭免灌溉造林恢复等措施。然而，这些不同梭梭造林的恢复效果依赖于区域降水、具体立地条件、恢复措施、恢复时间及地下水埋深的变化，其中某一因素变化后的生态恢复效果往往大相径庭。例如，同处于荒漠绿洲过渡带且免灌溉维护条件下，年均降水量 113mm 的石羊河流域，位于龙王庙 30 龄的梭梭人工林保存密度仅 25 株 /hm²（李雪宁，2022）。而处于年均降水量 136.6mm 的莫索湾地区，37 龄集水造林梭梭林，保存密度可达 400 株 /hm²（朱家龙，2022）。

由于多种社会经济、政治、生态、恢复措施因素的复杂影响，造成这种恢复效果差异的原因十分复杂（Bryan B A，2018）。同时在 3 种立地条件下，现有成功建植的人工林林龄不同，但均超过了干旱区灌木造林 3~5 年的成林年限（LY/T，2021），均可视为灌木成林，即尽管林龄不同，但成林后的恢复效果可视为成林进行恢复成效评价。目前还没有针对不同立地条件采取不同恢复措施，无灌溉人工梭梭林长期恢复效果进行定量评价的研究。模糊数学方法（Analytical hierarchy process，AHP）为评价人工生态系统恢复成效的指标筛选提供了一个可靠的方法。例如，层次分析法已被广泛应用于评估生态恢复前后物多样性和系统服务的变化，有能力减少解决复杂问题时候指标筛选的不确定性（Grima M A，2000）。如不当使用的梭梭恢复技术往往导致生态恢复失败。例如，梭梭植苗造林时，地形对梭梭成活率有极大影响，在年积雪厚度达到 17cm 时，阴坡梭梭造林成活率能达到 50% 以上，而在丘间平地与沙丘阳坡成活率却很小（班卫强，2012）。因此，不同恢复措施、立地条件等对梭梭的恢复成效影响较为复杂。通过变异系数进行敏感性指标筛选后，可以剔除不敏感的指标，分别通过因子分析和比率标度的方法确定权重，利用线性加权、综合评价等模型方法进行综合分析（赖亚飞，2007）能筛选有效评价指标、科学赋予权重、合理评价成效，从而为管理者推荐针对不同立地条件下最适合的梭梭植被恢复措施。

7.3.1　评价方法

7.3.1.1　评价思路

无灌溉梭梭人工林恢复成效评价属多指标综合评价，且涉及不同林龄、不同立地条件而采取的不同恢复措施。为系统总结不同立地条件进行无灌溉造林措施的优劣，科学全面地评价人工林恢复成效，十分有必要建立梭梭人工林恢复成效评价指标体系。本研究在综合前人方法优缺点的基础上，从可行性角度出发，通过 AHP 法筛选评价指标，因子分析和比率标度的方法分别确定权重，并采用线性加权评价模型和综合评价模型评价梭梭人工生态系统内植被群落、土壤特征等指标。评价的目的是通过这 2 个方面指标来综合评估，在准噶尔盆地不同立地条件采取了不同恢复措施的人工梭梭生态系统，在仅靠天然降水维持生存多年后的恢复效果，从而为该区域生态工程与设计提供依据，改进并优化无灌溉人工梭梭林的造林措施与管护方式，有利于干旱区无灌溉植被恢复技术的发展和推广应用。

7.3.1.2 指标选取原则

①适用性原则：准噶尔盆地立地条件多样，不同立地条件下梭梭植被生长状态及演替进程有明显差异，在具体评价时需要针对立地条件的变化选择不同的植被参照系。

②可复制原则：选取的指标因子要具有易操作和可比性，易于获取并简单实用。可复制原则有利于简化评价模型的计算和使用。

③代表性原则：在适用性、可复制原则的基础上，评价指标体系应尽量选择有代表性的指标。

7.3.1.3 评价指标体系

一般来讲，梭梭人工生态系统演替进程包括 3 个阶段：

首先，表现在建植初期，梭梭生长旺盛，对浅层土壤水分需求强烈。不同立地条件下林下植被群落发育差异显著，此类差异主要由立地条件及土壤类型决定的，一方面是土壤肥力或盐分含量，一方面是和表层土壤是否有细粒径物质积累易于种子萌发有关。

其次，表现在成林初期，梭梭生长趋缓，对浅层土壤水分需求降低，深层土壤水分需求偏多。不同立地条件下林下植被群落发育差异更显著，如壤漠立地条件或沙漠立地条件下普遍有草本层发育，而砾漠立地条件下草本层十分稀疏。同时物种多样性逐步增加。

最后，其成林多年后，林地土壤水分与未受人为干扰自然区域相比较为接近，梭梭群落结构也逐步向地带性顶级群落演替。梭梭人工林群落"假死"株和"死亡"株逐渐增多，梭梭以"假死"状态，牺牲地上的枝叶，降低碳需求，根系却不会立即死亡，以维持其生存。林下植被发育由先锋性物种向地带性物种及顶级物种过渡，物种多样性较为均衡。

综合以上演替进程考虑，本文依据研究区不同植被恢复目标和实践情况，通过群落特征、土壤特征等 2 个准则层，建立无灌溉人工植被恢复效果评价指标体系，如表 7.5 所示。

表 7.5　恢复效果评价体系

目标层	准则层	指标层	编号	指标特征
准噶尔盆地无灌溉梭梭人工林恢复成效（P）	群落特征（P1）	人工林平均株高	P1–1	反映人工林株高生长状况
		人工林平均冠幅	P1–2	反映人工林冠幅生长状况
		梭梭更新苗密度	P1–3	反映人工梭梭林更新潜力
		人工林保存密度	P1–4	反映人工林单位面积存活量
		人工林群落覆盖度	P1–5	反映人工林覆盖状况
		人工林保存率	P1–6	反映人工林的存活状况
		枯枝率	P1–7	反映人工林的健康状况
		丰富度指数 R	P1–8	反映人工林下物种的丰富程度
		Simpson 指数 D	P1–9	反映人工林下物种的分布程度
		Shannon-Wiener 指数 H	P1–10	反映人工林下物种的分布程度
		Pielou 均匀度指数 E	P1–11	反映人工林下物种均匀分布程度
	土壤理化特征（P2）	浅层土壤含水率（0~1m 土层）	P2–1	反映人工林浅层土壤水分
		深层土壤含水率（＞1m 土层）	P2–2	反映人工林深层土壤水分
		总盐	P2–3	反映土壤盐分程度
		pH	P2–4	反映土壤碱含量程度
		有机质	P2–5	反映土壤养分程度
		容重	P2–6	反映立地条件

7.4　综合评价

根据上述评价指标体系，采用对 36 个梭梭人工林样地的群落特征、土壤特征指标进行敏感性分析。各样地间不同指标的变异系数（Coefficient of variation，CV）能反映出人工群落指标变化的敏感性（许明祥，2005），因此采用 CV 值对各指标进行敏感性分析。按照 CV ≤ 10% 为低敏感，10%< CV ≤ 30% 为较低敏感，30% < CV ≤ 60% 为中敏感，CV > 60% 为高敏感，筛选其中高敏感和中敏感性的指标作为评价指标，如表 7.6 所示。

表7.6 梭梭人工植被评价指标的敏感性分析

评价指标	样本数	平均值	标准差	变异系数	敏感度
人工林平均株高	36	117.90	47.78	40.53	高
人工林平均冠幅	36	107.46	36.26	33.74	高
梭梭更新苗密度	36	1147.22	1295.15	112.89	高
人工林保存密度	36	1580.56	825.60	52.23	高
人工林群落覆盖度	36	16.64	5.30	31.86	高
人工林保存率	36	52.52	55.04	104.80	高
枯枝率	36	50.73	20.99	41.37	高
丰富度指数 R	36	1.16	0.87	75.05	高
Simpson 指数 D	36	0.53	0.31	58.81	高
Shannon-Wiener 指数 H	36	1.10	0.71	64.41	高
Pielou 指数 E	36	0.60	0.35	57.75	高
浅层土壤含水率（0~1m）	36	5.30	2.77	52.28	高
深层土壤含水率（>1m）	36	4.19	1.84	44.05	高
土壤总盐	36	1.65	2.22	134.13	高
pH	36	8.84	0.56	6.32	低
土壤有机质	36	4.51	4.65	103.11	高
土壤容重	36	1.55	0.41	57.33	高

通过敏感性分析可知，土壤 pH 由于变异系数较小（小于 10%）属于低敏感指标，被排除指标体系。

7.4.1　评价指标的筛选

共 16 个评价指标。其中群落指标 11 个：人工林平均株高（P1-1，单位 m）、人工林平均冠幅（P1-2）、梭梭更新幼苗密度（P1-3）、人工林保存密度（P1-4）、造林保存率（P1-5）、人工林盖度（P1-6）、枯枝率（P1-7）、林下植被丰富度指数 R（P1-8）、林下植被 Simpson 指数 D（P1-9）、林下植被 Shannon-Wiener 指数 H（P1-10）、林下植被 Pielou 均匀度指数 E（P1-11）。土壤理化指标 5 个：0~1m 土层年均体积含水率（P2-1）、>1m 土层年均体积含水率（P2-2）、总盐（P2-3）、有机质（P2-5）、容重（P2-6）。

表 7.7 中将评价指标进行了皮尔逊相关分析，具有相关关系的指标共计 120 对，其中达到极显著水平的有 8 对，占比 6.67%。达到显著相关的 14 对，占比没有显著相关的指标有 22 对，占比 11.67%。上述 17 项评价指标之间相关性显著即极显著占比较少，符合因子分析中"尽量用少的因素解释总体，因子之间越独立越好"的指标原则。上述评价指标既有少量相关性较显著的指标（如植被多样性指标），也包括了对多数人工梭梭林群落较为重要的但对其他指标不敏感的指标，因而上述指标的选取从相关性比例来讲是比较客观的。

本文采用 SPSS 27.0 分析软件，通过因子分析法对评价指标进行筛选，可以使数据信息以最小损失方式实现最佳降维，并能客观准确地计算出各项指标的权重，最终达到各项指标的综合。主成分的载荷矩阵无法满足因子分析的"简单结构准则"，为更精准解释各变量因子的实际代表意义，通过旋转将主成分载荷矩阵旋转到尽量接近简单结构的方法。经过 7 次旋转迭代后收敛，最后使因子载荷矩阵相对集中且简化，以便合理解释各参评指标因子（表 7.8）。

表 7.7 评价指标的相关矩阵

	P1-1	P1-2	P1-3	P1-4	P1-5	P1-6	P1-7	P1-8	P1-9	P1-10	P1-11	P2-1	P2-2	P2-3	P2-5	P2-6
P1-1	1															
P1-2	0.875**	1														
P1-3	0.536	0.612	1													
P1-4	0.101	0.244	0.432	1												
P1-5	0.797*	0.635	0.051	0.053	1											
P1-6	-0.107	0.020	0.247	0.562	-0.265	1										
P1-7	0.460	0.274	0.296	-0.152	0.487	-0.669*	1									
P1-8	0.368	0.358	0.424	-0.333	0.128	0.025	0.089	1								
P1-9	0.498	0.455	0.180	-0.338	0.478	-0.100	0.306	0.795*	1							
P1-10	0.604	0.496	0.372	-0.249	0.495	0.013	0.298	0.887**	0.932**	1						
P1-11	0.150	0.216	0.209	-0.227	0.014	0.018	0.097	0.736**	0.838***	0.706*	1					
P2-1	0.421	0.541	0.796*	0.119	-0.087	0.441	-0.043	0.718*	0.501	0.612	0.588	1				
P2-2	0.633	0.723*	0.751*	0.311	0.311	0.215	0.245	0.646	0.674*	0.704*	0.703*	0.812**	1			
P2-3	-0.495	-0.257	0.335	0.457	-0.759*	0.373	-0.333	-0.038	-0.317	-0.331	0.208	0.313	0.206	1		
P2-5	-0.365	-0.076	0.528	0.391	-0.730*	0.282	-0.213	0.045	-0.338	-0.295	0.101	0.428	0.231	0.921**	1	
P2-6	-0.832**	-0.838**	-0.660	0.033	-0.559	-0.016	-0.442	-0.530	-0.574	-0.684*	-0.246	-0.647	-0.645	0.404	0.158	1

注：数字后标注 * 差异显著，** 差异极显著。

表 7.8　旋转后主成分因子载荷系数及方差贡献率

评价指标	因子 1	因子 2	因子 3	因子 4
P1–1	0.841	0.208	0.410	0.136
P1–2	0.882	0.206	0.188	0.116
P1–3	0.815	0.195	0.488	0.352
P1–4	0.516	0.452	0.327	0.463
P1–5	0.555	0.343	0.763	0.178
P1–6	0.150	0.119	0.208	0.929
P1–7	0.396	0.035	0.117	0.840
P1–8	0.215	0.913	0.284	0.159
P1–9	0.245	0.883	0.309	0.106
P1–10	0.385	0.847	0.285	0.258
P1–11	0.287	0.905	0.167	0.257
P2–1	0.545	0.637	0.389	0.257
P2–2	0.217	0.592	0.719	0.077
P2–3	0.095	0.012	0.942	0.234
P2–5	0.077	0.341	0.976	0.100
P2–6	−0.795	0.383	0.227	0.120
方差占比	28.88	27.42	21.76	12.49
累积贡献率	28.88	56.30	78.06	90.55

主成分中以各因子载荷系数大小排序，第一主成分中人工林平均株高（P1–1）、人工林平均冠幅（P1–2）、梭梭更新苗密度（P1–3）的因子荷载较大且均大于 0.8（表 7.9）。这 3 个指标均代表人工林群落特征。因此，将群落特征命名给第一主成分。

第二主成分中物种丰富度指数 R（P1–8）、Simpson 指数 D（P1–9）、Shannon-Wiener 指数 H（P1–10）、Pielou 均匀度指数 E（P1–11）的因子荷载较大且均大于 0.8。这 4 个指标均代表人工群落的物种多样性。因此，将物种多样性特征命名给第二主成分。

第三主成分中，总盐（P2-3）和有机质（P2-5）的因子荷载较大且均大于0.8。将土壤理化特征命名给第三主成分。

第四主成分中人工林保存率（P1-6）及枯枝率（P1-7）的因子荷载均大于0.8，将代表人工林健康特征命名为第四主成分。

通过因子分析法，筛选出适宜评价无灌溉梭梭人工林群落恢复成效4个主成分11个评价指标：人工林平均冠幅、人工林平均株高、梭梭更新苗密度、丰富度指数 R、Simpson 指数 D、Shannon-Wiener 指数 H、Pielou 均匀度指数 E、总盐、有机质、人工林保存密度、枯枝率。

表7.9　因子分析权重值

评价指标	因子1	因子2	因子3	因子4	综合得分系数	因子权重
特征根（旋转后）	3.887	3.744	1.712	1.314		
方差解释率	32.39%	31.20%	14.27%	10.95%		
累计方差解释率	32.39%	63.59%	77.86%	88.81%		
R	3.887	3.744	1.712	1.314	0.101	7.51%
D	32.39%	31.20%	14.27%	10.95%	0.1576	11.73%
H	0.4781	−0.0511	−0.2054	−0.1077	0.1297	9.65%
E	0.4588	0.1608	−0.1569	−0.0695	0.1674	12.46%
平均株高	0.476	0.0692	−0.2026	−0.0586	0.1571	11.69%
平均冠幅	0.4332	0.2235	−0.0972	−0.1392	0.1732	12.89%
人工林群落盖度	0.1047	0.4872	−0.0962	−0.0669	0.1917	14.26%
人工林保存密度	−0.0181	0.5031	0.0397	0.051	0.0211	1.57%
枯枝率	0.0864	0.3996	0.0197	0.4866	0.0257	1.91%
总盐	−0.1467	−0.0279	0.019	0.816	0.0073	0.54%
有机质	−0.1175	0.0168	−0.0433	−0.1763	0.0361	2.69%
土壤容重	−0.1309	−0.1637	0.6826	0.0441	0.1762	13.11%

7.4.2 指标权重的计算

首先，获取的样地各指标数据量纲不统一，无法直接进行比对。将其进行标准化处理，公式如下：

$$S_i = \frac{X_i - X_{\min}}{X_{\max} - X_{\min}} \qquad (7.1)$$

式中，S_i 为各指标标准化值，X_i 为指标实测值，$X_{\max}$ 为实测最大值，$X_{\min}$ 为实测最小值。

其次，权重是综合评价中的一个重要的指标体系，按照评价对象及其影响因子合理地分配权重是量化评估的关键。以往研究中通常采用权重确定方法，包括因子分析（陈将宏，2017）、层次分析法（彭舜磊，2011）、专家打分法（何超，2016）等。其中专家打分法需要设计问卷调查表，选择专业领域具有丰富知识或实际经验的专家在互不知情的隔离状态下进行打分确定权重，此法适用于指标体系相对简单的评价，其主观影响因素较大。因子权重主要通过旋转后方差解释率和旋转后累计方差解释率进行计算。旋转后的因子不改变模型对数据的拟合程度，也不改变各个变量的公因子方差，使公因子更具有实际意义，适用于指标构成较复杂权重分析。层次分析法将综合评价指标体系分为目标层、准则层、指标层 3 个层次，在不同层次两两指标之间的重要程度作出比较判断，建立判断矩阵，再通过计算判断矩阵的最大特征值以及对应特征向量，得出不同指标的权重，此法能较为客观反映准则层、指标层之间的指标的差异。因而选用因子分析法和层次分析法进行权重的确定。因子分析法，在数据标准处理后，通过 SPSS 27.0 软件运行因子分析，确定各因子权重。具体为计算评价指标的因子负荷量，主成分因子的特征根、方差贡献率和累积方差贡献率，进而计算各准则层评价指标的权重。其中评价因子为 i 项，主成分因子为 j 项，具体如下：

线性组合系数：

$$U_{ij} = \frac{F_{ij}}{\sqrt{T_i}} \qquad (7.2)$$

式 7.2 中，U_{ij} 为第 i 项评价因子在第 j 项主成分因子的线性组合系数，P_{ij} 为第 i 项评价因子在第 j 项主成分因子的因子载荷系数，T_i 为第 j 项主成分因子对应的特征根。

综合得分系数： $$Z_i = \frac{\sum(U_{ij} \times F_j)}{L_i} \qquad (7.3)$$

式 7.3 中，Z_i 为第 i 项评价因子综合得分系数，F_j 为第 j 项主成分因子的方差解释率，L_i 为第 j 项主成分因子的累计方差解释率。

权重 $$Q_i = \frac{Z_i}{\sum_1^i Z_i} \qquad (7.4)$$

式 7.4 中，Q_i 为第 i 项评价因子权重，Z 为综合得分系数。

按照上述 7.2、7.3 和 7.4 式，所有因子指标的权重根据因子分析法可确定。

层次分析法，通过如表 7.10 所示比率标度，对各指标层的因子进行对比分析，筛选出 15 项指标，并在各因素间进行两两比较构造判断矩阵，求解矩阵的最大值和特征向量，得到指标层各因素的相对权重。

表 7.10　比率标度权重值

目标层	准则层	权重	指标层	比率标度权重
梭梭人工林恢复成效综合指数	人工林群落特征	0.32	平均株高	0.35
			平均冠幅	0.31
			更新梭梭苗密度	0.23
			人工林群落盖度	0.11
	物种多样性特征	0.30	丰富度指数 R	0.22
			Simpson 指数 D	0.28
			Shannon-Wiener 指数 H	0.29
			Pielou 指数 E	0.21
	土壤水分及理化特征	0.24	浅层土壤水分	0.12
			深层土壤水分	0.22
			总盐	0.29
			有机质	0.30
			容重	0.07
	人工林健康特征	0.14	人工林保存密度	0.62
			枯枝率	0.38

7.4.3　恢复效果评价

本文针对两种权重，采用不同的适用评价模型，具体如下：

①线性加权评价模型 LWEM（Linear weighted evaluation model），因子权重适用线性加权评价模型，其结果突出了权重较大指标的作用，对指标重要程度的差异较敏感，而对指标值差异不太敏感（王春枝，2008）。对数据的要求不高，无论指标是正数、负数或零，都不影响评价值的计算。具体公式如下：

$$LWEM = \sum E_i \times W_i \qquad (7.5)$$

式 7.5 中，E_i 为评价指标的标准化值，W_i 为第 i 个评价指标的权重。

②综合评价模型（Comprehensive evaluation model，CEM），针对层次分析权重值，因考虑了准则层和指标层的权重分配体系，更适用综合评价模型最后对评价结果进行比较分析。该模型强调评价对象在各指标方面，任何一方都不能偏废，同时又鼓励被评价对象在各方面全面发展。具体公式如下：

$$CEM = B_1 \sum_{i=1}^{l} S_i W_i + B_2 \sum_{j=1}^{m} S_j W_j + B_3 \sum_{k=1}^{n} S_k W_k \qquad （7.6）$$

式 7.6 中，B_1、B_2、B_3 为准则层的权重值，W_i、W_j、W_k 为指标层各指标的权重值。S_i、S_j、S_k 为准则层下各指标的标准化值。l、m、n 为准则层指标个数。经上述两种评价模型评价计算后，结果如表 7.11 所示。

表 7.11　模型指数统计

模型	LWEM	CEM						
类型	平均值	最小值	最大值	CV%	平均值	最小值	最大值	CV%
K1	0.193 ± 0.019	0.17	0.216	9.96	0.205 ± 0.036	0.158	0.241	17.56
K2	0.199 ± 0.024	0.167	0.219	11.95	0.235 ± 0.052	0.176	0.299	22.09
M1	0.570 ± 0.015	0.555	0.589	2.65	0.394 ± 0.017	0.37	0.411	4.41
M2	0.664 ± 0.018	0.645	0.686	2.78	0.455 ± 0.017	0.479	0.439	3.76
M3	0.621 ± 0.037	0.574	0.666	6.03	0.431 ± 0.035	0.395	0.471	8.17
G1	0.611 ± 0.046	0.575	0.676	7.57	0.407 ± 0.019	0.39	0.433	4.63
G2	0.668 ± 0.056	0.608	0.738	8.38	0.659 ± 0.029	0.617	0.682	4.40
G4	0.526 ± 0.067	0.463	0.598	12.75	0.507 ± 0.046	0.563	0.473	8.98
G5	0.519 ± 0.157	0.285	0.62	30.29	0.432 ± 0.065	0.335	0.472	15.09

LWEM 和 CEM 取值在 0~1，其值越高，表明各立地条件的梭梭人工林生态恢复成效越好。由表 7.11 可看出，LWEM 模型计算得出的评

价结果均高于 CEM 模型计算得出的指数值，结合梭梭人工林实际，判断 CEM 模型的评价结果更符合实际，而且后者变异稍小些。且各不同梭梭人工林整体变异系数最大才 30.29%，仍较小，说明在一个区域内，不同立地条件间虽有差异，但总体差异不会有太大悬殊。用 LWEM 模型计算得出的评价指数为 G2 > G4 > G5 > G1 > M2 > M3、K2 > M1 > K1。用 CEM 模型计算得出的评价指数为 G2 > G4 > G5 > K2 > M2 > G1 > M3 > M1 > K1。通过两种评价模型对人工梭梭林恢复成效评价，结果表明两种评价模型的评价分值呈现的趋势总体一致，但存在个别样地指数值不完相同现象。原因在于综合评价指标评价体系权衡了全部因子的综合得分，而线性加权评价模型因筛除了如土壤水分、梭梭更新苗密度等指标，土壤水分指标与梭梭林生长密切相关，而梭梭苗密度则是梭梭人工林向地带性顶级群落演替的指示性指标，因而总体来看，综合评价模型评价体系更加均衡和可靠。总体上讲，梭梭人工林的评分值随沙漠、壤漠和砾漠立地条件过渡而呈现下降趋势。另一方面两种评分值和初期种植密度大小也有关，初期种植密度较大的评分值越低。

7.4.4 恢复成效分级

根据 LWEM 和 CEM 评价模型指数大小和植被恢复实际状况，对准噶尔盆地各立地条件下人工梭梭林恢复成效进行分等定级计算，分 5 个等级：在 06~0.8 和 I（高）指数值在 0.8~1。从表 7.12 分级分布结果来看，砾漠 K1 和 K2 样地值 V 级数分别占所有样地的 8.33%~11.11%，属低水平；壤漠的 M1、M2 和 M3 样地大多分布在Ⅳ~Ⅱ级，其中 CEM 值属Ⅳ级的仅 1 个，占所有样地的 2.8%，属较低水平。CEM 值属Ⅲ级的 7 个，占所有样地的 19.4%。LWEM 值分布在Ⅲ级的 7 个，占所有样地的 19.4%，分布在 II 级的 4 个，占所有样地的 11.1%；沙漠的 G1~G5 样地大多分布在 IV ~ II 级，其中 CEM 值属 IV 级的 5 个，占所有样地的 13.9%，属较低水平。CEM 值属 III 级的 11 个，占所有样地的 30.5%。LWEM 值分布在 III 级的 7 个，占所有样地的 19.4%，分布在 II 级的 9 个，占所有样地的 25%。

表 7.12　模型指数分级分布

指数分级	0~0.2		0.2~0.4		0.4~0.6		0.6~0.8		0.8~1.0	
指数等级	V		IV		III		II		I	
指数模型	LWEM	CEM	LWEM	CEM	LWEM	CEM	LWEM	CEM	LWEM	CEM
K1	2	2	2	2						
K2	2	1	2	3						
M1							4	4		
M2					4	4				
M3				1	3	3				
G1				2	4	2				
G2							4	4		
G4				1	1	3	3			
G5				2	2	2	2			

从图 7.8 可以看出，36 个样地的 LWEM 和 CEM 评分指数均在 0.1~0.8。LWEM 评分值在各级分布比例依次为 V 级（低）11.1%、IV 级（较低）13.8%、III 级（中）38.9%、II 级（较高）36.1% 和 I 级（高）0%。CEM 评分值在各级分布比例依次为 V 级（低）8.3%、IV 级（较低）30.6%、III 级（中）50.0%、II 级（较高）11.1% 和 I 级（高）0%。即 LWEM 评分值中等级和较高等级占比全部评价样地的 75%。CEM 评分值中等级和较高等级占比全部评价样地的 61.1%。

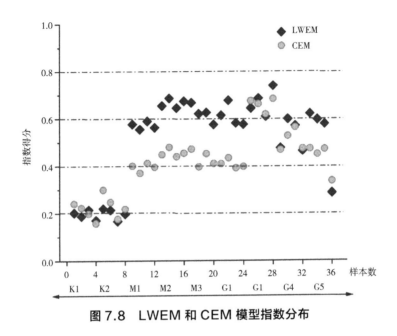

图 7.8　LWEM 和 CEM 模型指数分布

7.5　讨论

①生态恢复过程中，常用人工植被高度、植被覆盖率、植物多样性等指标来表征群落结构特征，直接体现生态恢复效果。另外，植物多样性、土壤水分和土壤理化性质改善利于微生物和动物的恢复，有助于改善生态系统结构和功能，是整个生态系统恢复的基础（Wang C W，2022）。不同立地条件下，人工植被恢复成效是植被群落特征、土壤特征等指标的共同体现，本文采用两种评价模型对不同立地条件人工梭梭林生态恢复成效进行评价。筛选 17 个因子指标所得指数值分级基本与人工林恢复实践相吻合，是不同立地条件尺度人工植被生态恢复成效评价理论的补充。

②按照砾漠、壤漠和沙漠不同立地条件而言，人工梭梭林恢复成效

得分值总体排序为：沙漠＞壤漠＞砾漠。壤漠立地条件下，灰漠土＞龟裂性灰漠土，有微地形改造＞无微地形改造。主要受梭梭自然分布及生理生态特性影响，因梭梭在有地下水供应的壤土上，高达 3.5~7m，多呈小半乔木状。在沙地上的高达 1.5~3m，介于小半乔木与灌木状之间。而在戈壁上株高一般不足 1m，成灌木状；按照砾漠立地条件而言，人工梭梭林恢复成效排序：台地＞冲沟。这一规律符合"木桶理论"。即系统内缺少任何一项关键要素，那么即使继续追加其他要素投入也难以发挥其效用（杨正先，2018；樊杰，2017）。虽然冲沟内株高、冠幅、多样性等指标均好于台地，但台地内物种多样性高于冲沟。这个"短板"使得冲沟总体评价低于台地。梭梭在秋冬季进入休眠，利用冬闲水畦灌，既不会影响梭梭根系长时间受水分浸泡而降低成活率，也充分改变了深层土壤水分状况，使得梭梭林在 30 余年的生存后其恢复成效评价值大多仍然处于中级；沙漠立地条件下，人工梭梭林生态恢复成效排序：平地＞坡地，梭梭混交林＞梭梭纯林。沙漠立地条件下，梭梭人工林生长和林下结皮发育关系密切，因无结皮样地，物理结皮和生物结皮的覆盖不同程度地影响着土壤水分的空间分布格局，二者的存在不利于水分入渗，并使深层土壤渐趋干化（张立恒，2019）。梭梭建植多年后，平地结皮恢复速率快，发育好，而坡地略差，因而平地土壤水分分布格局更有利梭梭生长发育。坡地由于地表径流和结皮发育相对迟缓的原因，更有利水平根系更加发达的沙拐枣生长（马婷慧，2012）。

③无灌溉梭梭人工林恢复措施优化（图7.9）：微地形改造措施是干旱区无灌溉人工植被可持续恢复的重要前提，其往往能在干旱区生态恢复实践中取得更佳的生态恢复成效（Moser K F，2009）（Appels W M，2011），主要作用是增加了单位面积集水效率，能够使20%~200%不等的降雨量就地入渗（Li X R，2011），从而显著提升苗木种植区的土

壤水分（Courtwright J，2011），并利用有限降水长期持续地为耐旱灌木提供水分补充。但微地形改造后也有弊端，如土质黏重龟裂性灰漠土立地条件下，遇有短时降水量较大的情况，则会产生积水，长时间的浸泡会使得生长期梭梭根系受损乃至死亡。因而建议针对渗漏不利的土质黏重区，梭梭种植穴的位置不要放在集水沟内最深处，而是调整至有明显集水线以上区域进行种植，可有效避免因长时间积水造成的梭梭死亡现象。

土壤重构或改良措施是干旱区无灌溉人工植被可持续恢复的重要基础。研究表明，干旱荒漠区土质低劣，如砾漠立地条件，由于有机质含量低、粒径较粗（砾石含量高等）不利于蓄水保墒。壤漠立地条件由于土质相对黏重，不利于梭梭等耐旱植物的初期生长，从而成活率较低。因而本文建议在土质低劣情况下（砾石含量较高的砾漠或土壤黏重的壤漠），在人工梭梭林建植时有必要考虑原土筛分、细沙、锯末、棉花秸秆等农田废弃材料用于灌木根系层的土壤团聚体结构改良，从而改善特殊困难立地条件，人工梭梭植被初期成活率低下或成林后生长缓慢、困难的弊端。

物种选择及配置是干旱区无灌溉人工植被可持续恢复的关键环节。如砾漠立地条件，前期铃铛刺等物种成活率尚可，后期则大批死亡。配置模式方面，如梭梭、头状沙拐枣混交林模式则比梭梭纯林模式的整体恢复效果评价值高，反映出沙地条件下头状沙拐枣和梭梭混交林模式对沙地水分利用的空间层次性更均衡，人工林群落稳定性及整体恢复效果更好。

造林密度事关干旱区无灌溉人工植被可持续恢复效果。研究表明，梭梭人工林保持正常生长发育和沙丘内水分状态平衡的造林密度为 500~625 株 /hm^2（冯伟，2018），然而莫索湾壤漠立地条件下 37 龄梭梭林保存密度仍然达到了 1000~2400 株 /hm^2。古尔班通古特沙漠立地条件下 12 龄和 20 龄的梭梭林分别达到了 875~1950 株 /hm²。克拉玛依砾漠立地条件 9 龄梭梭人工混交林在 1525 株 /hm² 以上。说明以上不同立地条件的人工梭梭纯林或混交林在采取了不同恢复措施后（微地形改造、土壤重构、秋季灌溉及合理利用悬湿沙层水），能有效延长梭梭林的自维持时间。

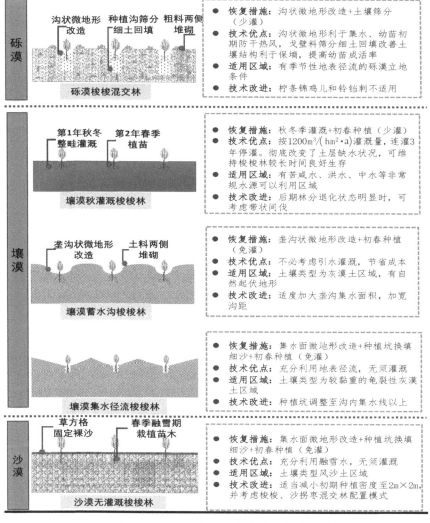

图 7.9　无灌溉梭梭人工林恢复措施优化示意图

参考文献

[1] 陈昌笃，张立运，胡文康. 古尔班通古特沙漠的沙地植物群落、区系及其分布的基本特征 [J]. 植物生态学与地植物学丛刊，1983 (02):89–99.

[2] 陈哲夫，王有标. 新疆天山矿产的基本地质特征及分布规律的探讨 [J]. 新疆地质，1985 (02): 59–70.

[3] 丁佩燕. 近 15 年古尔班通古特沙漠植被覆盖度时空变化研究 [J]. 新疆林业，2017 (4):18–21.

[4] 杜佳倩，刘彤，王寒月，等. 新疆荒漠一年生植物区系组成、分布及资源类型 [J]. 干旱区研究，2022, 39 (01): 185–209.

[5] 解锡豪. 古尔班通古特沙漠东南植被线形沙丘地貌特征与发育模式初步研究 [D]. 福州：福建师范大学，2022.

[6] 季方，叶玮，魏文寿. 古尔班通古特沙漠固定与半固定沙丘成因初探 [J]. 干旱区地理，2000, 23 (1):32–36.

[7] 姜逢清，胡汝骥，马虹. 新疆气候与环境的过去、现在及未来情景 [J]. 干旱区地理，1998 (01):1–9.

[8] 衡瑞. CMIP6 模式下古尔班通古特沙漠植被 NPP 模拟分析 [D]. 乌鲁木齐：新疆农业大学，2023.

[9] 李江风，蒋玉贤. 新疆近 40 年来的冬春气温变化和环流特征 [J]. 干旱

区地理 , 1991, (04):36–41.

[10] 刘瑞 . 古尔班通古特沙漠西部新月形沙丘发育与风沙环境演变研究 [D]. 福州 : 福建师范大学 , 2023.

[11] 钱亦兵 , 吴兆宁 . 古尔班通古特沙漠环境研究 [M]. 北京 : 科学出版社 , 2010.

[12] 王树基 . 准噶尔盆地晚新生代地理环境演变 [J]. 干旱区地理 , 1997 (02):9–16.

[13] 吴正 . 准噶尔盆地沙漠地貌发育的基本特征 [M]// 中国地理学会 . 1960 年全国地理学术会议论文选集 (地貌) . 北京 : 科学出版社 , 1962: 196–220.

[14] 吴正 . 中国沙漠及其治理 [M]. 北京 : 科学出版社 , 2009.

[15] 杨怡 , 吴世新 , 庄庆威 , 等 . 2000—2018 年古尔班通古特沙漠 EVI 时空变化特征 [J]. 干旱区研究 , 2019, 36 (6):1512–1520.

[16] 张立运 , 刘速 , 周兴佳 , 等 . 古尔班通古特沙漠植被及工程行为影响 [J]. 干旱区研究 , 1998 (04):16–21.

[17] 中国科学院新疆综合考察队 . 新疆地貌 [M]. 北京 : 科学出版社 , 1978.

[18] 朱震达 , 吴正 , 刘恕 , 等 . 中国沙漠概论 (修订版) [M]. 北京 : 科学出版社 , 1980.

[19] 薛智暄 . 古尔班通古特沙漠 SMAP 土壤水分产品降尺度及时空变化分析 [D]. 乌鲁木齐 : 新疆农业大学 , 2023.

[20] Su B Q, ShangGuan Z P. Decline in soil moisture due to vegetation restoration on the Loess Plateau of China[J]. Land Degrad. Dev, 2019, 30 (3): 290–299.

[21] Wang Y Q, Shao M A, Liu Z P, et al. Changes of deep soil desiccation

with plant growth age in the Chinese Loess Plateau[J]. Hydrol. Earth Syst. Sci. Discuss, 2012, 9 (10): 12029–12060.

[22] Deng L, Yan W M, Zhang Y W, et al. Severe depletion of soil moisture following land-use changes for ecological restoration: evidence from northern China[J]. For. Ecol. Manage, 2016, 366: 1–10.

[23] Wang S, Fu B J, Gao G Y, et al. Responses of soil moisture in different land cover types to rainfall events in a re-vegetation catchment area of the Loess Plateau, China[J]. Catena, 2013, 101 (03): 122–128.

[24] Zhao G J, Kondolf G M, Mu X M, et al. Sediment yield reduction associated with land use changes and check dams in a catchment of the Loess Plateau, China[J]. Catena, 2017, 148: 126–137.

[25] Fu B J, Wang S, Liu Y, et al. Hydrogeomorphic ecosystem responses to natural and anthropogenic changes in the Loess Plateau of China[J]. Annual review of earth and planetary sciences, 2017, 45 (01): 223–243.

[26] 樊廷录. 黄土高原旱作地区径流农业的研究 [D]. 咸阳：西北农林科技大学, 2002.

[27] Evenari M, Shanan L, Tadmor N, et al. The ancient agriculture in the Negev[J]. Science, 1961, 133: 979–996.

[28] Yair A. Hillslope hydrology water harvesting and areal distribution of some ancient agricultural systems in the northern Negev desert[J]. Journal of Arid Environments, 1983, 6 (3): 283–301.

[29] Myers L E, Frasier G W, Griggs J R. Sprayed asphalt pavement for water harvesting[J]. Journal of the Irrigation and Drainage Division, 1967, 93 (3): 79–98.

[30] Frasier G W. Water Harvesting: a source of livestock water[J]. Journal of range management, 1975, 28: 429–434.

[31] Fink, D H, Frasier G W, Myers L E. Water harvesting treatment evaluation at granite reef[J]. Water Resources Bulletin, 1979, 15: 861–873.

[32] Boers T M, Zondervan K, Ben-Asher J. Micro-Catchment-Water-Harvesting (MCWH) for arid zone development[J]. Agricultural Water Management, 1986, 12 (1): 21–39.

[33] Ben-Asher, J Warrick, A W. Effect of variations in soil properties and precipitation on micro catchment water balance[J]. Agriculture water management, 1987, 12 (3): 177–194.

[34] 刘媖心. 包兰铁路沙坡头地段铁路防沙体系的建立及其效益 [J]. 中国沙漠, 1987 (04): 4–14.

[35] 黄丕振, 刘志俊, 崔望诚. 梭梭集水造林初步研究 [J]. 新疆农业科学, 1985 (06): 23–25.

[36] Stanturf J A, Palik B J, Dumroese R K. Contemporary forest restoration: A review emphasizing function[J] Forest Ecology and Management, 2014, 331: 292–323.

[37] 李生宇, 雷加强. 古尔班通古特沙漠公路扰动带植被恢复研究 [J]. 新疆环境保护, 2002 (01): 1–7.

[38] 杨更强, 严成, 宋革新, 等. 克拉玛依黏土地梭梭工程造林技术初探 [J]. 西部林业科学, 2015, 44 (05): 137–141.

[39] Li X R, Xiao H L, Zhang J G, et al. Long-Term Ecosystem Effects of Sand-Binding Vegetation in the Tengger Desert, Northern China[J]. Restoration Ecology, 2010, 12 (3): 376–390.

[40] 钱亦兵，雷加强，吴兆宁. 古尔班通古特沙漠风沙土水分垂直分布与受损植被的恢复 [J]. 干旱区资源与环境, 2002 (04): 69–74.

[41] 张元明，王雪芹. 荒漠地表生物土壤结皮形成与演替特征概述 [J]. 生态学报, 2010, 30 (16): 4484–4492.

[42] 王雪芹，蒋进，雷加强，等. 古尔班通古特沙漠重大工程扰动地表稳定性与恢复研究 [J]. 资源科学, 2006 (05): 190–195.

[43] Li X R, He M Z, Zerbe S, et al. Micro-geomorphology determines community structure of biological soil crusts at small scales[J]. Earth Surface Processes and Landforms: The journal of the British Geomorphological Research Group, 2010 (8): 35.

[44] 严成，杨更强，廖帆，等. 一种干旱砾漠区梭梭免灌植被造林方法：中国，CN104396691A [P]. 2015–03–11.

[45] Wang X P, Pan Y X, Zhang Y F, et al. Temporal stability analysis of surface and subsurface soil moisture for a transect in artificial revegetation desert area, China[J]. Journal of Hydrology, 2013, 507: 100–109.

[46] 朱玉伟，陈启民，刘茂秀，等. 准噶尔盆地南缘无灌溉造林技术研究 [J]. 防护林科技, 2009 (02):3–5+28.

[47] 蒋笑丽，陈文伟，章建红，等. 干旱区抗旱树种选育及造林技术研究进展 [J]. 安徽农业科学, 2018, 46 (35):17–18.

[48] 刘巧玲，李王成，贾振江，等. 干旱胁迫下植物根系适应性机制研究进展与热点分析 [J]. 江苏农业科学, 2023, 51 (09):34–40.

[49] 王康君，樊继伟，陈凤，等. 植物对盐胁迫的响应及耐盐调控的研究进展 [J]. 江西农业学报, 2018, 30 (12):31–40.

[50] 单立山. 西北典型荒漠植物根系形态结构和功能及抗旱生理研究 [D].

兰州 : 甘肃农业大学 , 2013.

[51] 毛爽 , 周万里 , 杨帆 , 等 . 植物根系应答盐碱胁迫机理研究进展 [J]. 浙江农业学报 , 2021, 33 (10):1991–2000.

[52] 王佺珍 , 刘倩 , 高娅妮 , 等 . 植物对盐碱胁迫的响应机制研究进展 [J]. 生态学报 , 2017, 37 (16):5565–5577.

[53] 马靖 , 孙桂丽 , 周建会 . 新疆昌吉州荒漠化防治中造林树种适宜性评价 [J]. 防护林科技 , 2024, (01):10–15.

[54] 席军强 , 杨自辉 , 郭树江 , 等 . 人工梭梭林对沙地土壤理化性质和微生物的影响 [J]. 草业学报 , 2015, 24 (05):44–52.

[55] 田起隆 , 刘彤 . 极端干旱环境下白梭梭细根分布与土壤水分关系 [J]. 石河子大学学报 (自然科学版), 2020, 38 (01):75–82.

[56] 于丹丹 , 唐立松 , 李彦 , 等 . 古尔班通古特沙漠白梭梭群落林下层物种多样性的空间分异 [J]. 干旱区研究 , 2010, 27 (04):559–566.

[57] 刘慧霞 , 孙宗玖 , 石宇堃 , 等 . 准噶尔盆地梭梭沙质荒漠土壤有机碳分布特征的研究 [J]. 中国农业科技导报 , 2021, 23 (11):147–155.

[58] 蒋进 , 王雪芹 , 雷加强 . 古尔班通古特沙漠工程防护体系内土壤水分变化规律 [J]. 水土保持学报 . 2003, 17 (03): 74–77.

[59] 冯起 , 程国栋 . 我国沙地水分分布状况及其意义 [J]. 土壤学报 . 1999, 36 (2): 225 -226.

[60] 阿拉木萨 , 裴铁璠 , 蒋德明 . 科尔沁沙地人工固沙林土壤水分与植被适宜度探讨 [J]. 水科学进展 , 2005, 16 (3): 426–431.

[61] 李新荣 , 马凤云 . 沙坡头地区固沙植被土壤水分动态研究 [J]. 中国沙漠 . 2001, 21 (3): 217–222.

[62] Murtaugh Paul A. SimPlicity And ComPlexity In Ecological Data Analysis[J]. Ecology, 2007, 88 (01): 56–62.

[63] 赵从举，康慕谊，雷加强．古尔班通古特沙漠腹地土壤水分时空分异研究 [J]．水土保持学报，2004, 18 (04): 158–161.

[64] 王雪芹，张元明，王远超，等．古尔班通古特沙漠生物结皮小尺度分异的环境特征 [J]．中国沙漠，2006, 26 (5): 711–716.

[65] Singh J S，Milchunas D G，Lauenroth W K. Soil water dynamics and vegetation Patterns in a semiarid grassland[J]. Plant Ecology, 1998, 134 (1): 77–89.

[66] 刘元波，高前兆．沙地水分动力学研究新视角 [J]．中国沙漠，1997, 17 (1): 95–98.

[67] 王雪芹，赵从举．古尔班通古特沙漠工程防护体系内的蚀积变化与植被的自然恢复 [J]．干旱区地理，2002，25 (3)：201–207.

[68] 周智彬，徐新文，雷加强，等．塔里木沙漠公路防护林生态稳定性研究 [J]．科学通报，2006, 51: 126–132.

[69] 王慧，郭晋平．我国森林抚育间伐研究进展 [J]．山西林业科技，2008 (2)：29–32.

[70] 程顺，侯登峰，田玉峰．塞罕坝林区人工林抚育间伐对主要林分因子的影响 [J]．河北林业科技，2006，(4):8–10.

[71] 苏俊武，李莲芳，郑畹，等．不同间伐强度对云南松人工林生长影响的研究 [J]．西部林业科学，2010, 39 (3):28–32.

[72] 朱少华．杉木人工林抚育间伐强度试验研究 [J]．山东林业科技，2011 (3):56–58.

[73] 李茂哉．兰州市北山无灌溉区植被恢复效益初步研究 [J]．水土保持通报，2008, 28 (1):150–157.

[74] 朱紫虎，苏宏斌．论干旱气候条件下甘肃无灌溉区植被恢复与重建 [J]．林业实用技术,2014,(11):13-16.

[75] 李应罡，徐新文，李生宇，等 . 沙漠公路防护林乔木状沙拐枣的平茬效益分析 [J]. 干旱区资源与环境，2008, 22 (8):196–200.

[76] 王雪芹，蒋进，雷加强，等 . 古尔班通古特沙漠短命植物分布及其沙面稳定意义 [J]. 地理学报，2003, 58 (4)：598–605.

[77] 张鼎华，叶章发，范必有，等 . 抚育间伐对人工林土壤肥力的影响 [J]. 应用生态学报，2001, 12 (5)：672–676.

[78] 王雪芹，蒋进，张元明，等 . 古尔班通古特沙漠南部防护体系建成 10a 来的生境变化与植物自然定居 [J]. 中国沙漠，2012, 32 (2):372–379.

[79] 陶玲，任王君 . 红皮沙拐枣种群间的形态变异分析 [J]. 西北植物学报，2004，24 (10)：1906–1911.

[80] 许浩，张希明，王永东，等 . 塔里木沙漠公路防护林乔木状沙拐枣耗水特性 [J]. 干旱区研究，2006, 23 (2):216–222.

[81] 齐曼 · 尤努斯，木合塔尔 · 扎热，塔衣尔 · 艾合买提 . 干旱胁迫下尖果沙枣幼苗的根系活力和光合特性 [J]. 应用生态学报，2011, 7:1789–1795.

[82] R H Waring, W G Thies, D M uscato，等 . 每单位叶面积树木生长量——当作树木活力衡量标准 [J] 贵州林业科技，1983, 1:20–24.

[83] 钱亦兵，张立运，吴兆宁 . 工程行为对古尔班通古特沙漠植被的破损及恢复 [J]. 干旱区研究，2001 (04): 47–51.

[84] Rong Y, Yuan F, Ma L. Effectiveness of exclosures for restoring soils and vegetation degraded by overgrazing in the Junggar Basin, China[J]. Grassland Science, 2014, 60 (2) .

[85] Cao L, Nie Z L, Liu M, et al. The Ecological Relationship of Groundwater–Soil–Vegetation in the Oasis–Desert Transition Zone of

the Shiyang River Basin[J]. Water, 2021, 13 (12) .

[86] Forman R T T, Deblinger R D. The ecological road-effect zone of a Massachusetts (U.S.A.) suburban highway [J]. Conservation Biology, 2000, 14: 36–46.

[87] Devkota S, Shakya N M, Sudmeier-Rieux K. Framework for assessment of eco-safe rural roads in panchase geographic region in central-western nepal hills [J]. Environments, 2019, 6: 59.

[88] 李雪宁, 徐先英, 郑桂恒, 等. 石羊河下游人工梭梭林健康评价体系构建及应用研究 [J]. 干旱区研究, 2022, 39 (03): 872–882.

[89] 朱家龙, 周智彬, 王立生, 等. 免灌人工梭梭林生长与土壤水分变化的耦合关系 [J]. 干旱区地理, 2022, 45 (05): 1579–1590.

[90] Bryan B A, Gao L, Ye Y, et al. China's response to a national land-system sustainability emergency [J]. Nature, 2018, 559: 193–204.

[91] Grima M A. Neuro-Fuzzy modeling in engineering geology[M]. Rotterdam: BALKEMAA, 2000: 244.

[92] 班卫强, 严成, 尹林克, 等. 立地条件和积雪厚度对古尔班通古特沙漠梭梭造林的影响 [J]. 中国沙漠, 2012, 32 (02): 395–398.

[93] 赖亚飞, 朱清科, 李文华. 生态环境建设工程的效益评价研究与进展 [J]. 西北林学院学报, 2007, 22 (01): 168–172.

[94] 许明祥, 刘国彬, 赵允格. 黄土丘陵区土壤质量评价指标研究 [J]. 应用生态学报, 2005, (10): 1843–1848.

[95] 陈将宏, 宛良朋, 李建林, 等. 岸坡稳定性影响因子分析及权重确定 [J]. 水力发电, 2017, 43 (03): 34–37+53.

[96] 彭舜磊, 王得祥. 秦岭主要森林类型近自然度评价 [J]. 林业科学, 2011, 47 (1): 135–142

[97] 何超, 李萌, 李婷婷, 等. 多目标综合评价中四种确定权重方法的比较与分析 [J]. 湖北大学学报 (自然科学版), 2016, 38 (02): 172–178.

[98] 王春枝. 综合评价指数模型的比较与选择 [J]. 统计教育, 2008, 103 (04): 17–18.

[99] Wang C W, Ma L N, Zuo X A, et al. Plant diversity has stronger linkage with soil fungal diversity than with bacterial diversity across grasslands of northern China[J]. Global Ecology and Biogeography, 2022, 31 (5): 886–900.

[100] 杨正先, 索安宁, 张振冬, 等. "短板效应" 理论在资源环境承载能力评价中的应用及优化研究 [J]. 海洋环境科学, 2018, 37 (04): 602–607.

[101] 樊杰, 周侃, 王亚飞. 全国资源环境承载能力预警 (2016 版) 的基点和技术方法进展 [J]. 地理科学进展, 2017, 36 (03): 266–276.

[102] 张立恒, 李昌龙, 姜生秀, 等. 梭梭林下土壤结皮对土壤水分空间分布格局的影响 [J]. 西北林学院学报, 2019, 34 (05): 17–22.

[103] 马婷慧, 王锐, 孙权. 两种固沙灌木根系分布与土壤水分差异研究 [J]. 林业实用技术, 2012 (10): 6–8.

[104] Moser K F, Ahn C, Noe G B. The Influence of Microtopography on Soil Nutrients in Created Mitigation Wetlands[J]. Restoration Ecology, 2009, 17: 641–651.

[105] Appels W M, Bogaart P W, van der Zee S E.A.T.M. Influence of spatial variations of microtopography and infiltration on surface runoff and field scale hydrological connectivity[J] Advances in Water Resources, 2011, 34 (2): 303–313.

[106] Li X R, He M Z, Zerbe S, et al. Micro-geomorphology determines

community structure of biological soil crusts at small scales[J]. Earth Surface Processes and Landforms: The journal of the British Geomorphological Research Group, 2010 (8): 35.

[107] Courtwright J, Findlay S E. G. Effects of microtopography on hydrology, physicochemistry, and vegetation in a Tidal Swamp of the Hudson River[J]. Wetlands, 2011, 31 (2): 239–249.

[108] 冯伟, 杨文斌. 我国固沙林密度与水分的关系研究进展 [J]. 防护林科技, 2018 (12): 56–59.